Les biomarqueurs moléculaires en oncologie

Springer

Paris
Berlin
Heidelberg
New York
Hong Kong
Londres
Milan
Tokyo

Sous la direction de :
Jean-Louis Merlin

Les biomarqueurs moléculaires en oncologie

Springer

Jean-Louis Merlin
Unité de biologie des tumeurs
Institut de Cancérologie de Lorraine
& Université de Lorraine
6, avenue de Bourgogne
54519 Vandœuvre-lès-Nancy Cedex
jl.merlin@nancy.unicancer.fr

ISBN : 978-2-8178-0444-6 Springer Paris Berlin Heidelberg New York

Imprimé en France

Springer-Verlag est membre du groupe Springer Science + Business Media

Maquette de couverture : Nadia Ouddane
Mise en page : S-PAO Service – Caroline Trabouyer – Saint-Galmier

Sommaire

Partie 4. Biomarqueurs et innovations diagnostiques

Avant-propos : le biomarqueur idéal existe-t-il ?

Depuis une dizaine d'années, la cancérologie vit une évolution sans précédent avec la mise en place de biomarqueurs de diagnostic moléculaire permettant d'individualiser les traitements des patients atteints de cancer. La personnalisation thérapeutique occupe une place particulière en cancérologie et il est important de rappeler que chez un patient atteint de cancer, la réponse à un traitement médicamenteux peut dépendre à la fois des ses caractéristiques génétiques constitutionnelles, mais également des caractéristiques génétiques de sa tumeur. Prendre en considération ces deux aspects doit permettre d'optimiser la personnalisation thérapeutique en assurant une efficacité optimale et une toxicité contrôlée. L'utilisation de biomarqueurs constitue une réelle innovation diagnostique. Elle a deux conséquences majeures : elle permet tout d'abord d'améliorer les taux de réponse aux traitements et la survie des patients en assurant une meilleur rapport efficacité/toxicité. La seconde conséquence est de contribuer à une meilleure maîtrise des dépenses de santé en évitant la prescription de médicaments dont l'absence d'efficacité peut être prédite. Cette innovation diagnostique a nécessité la mise en place et le déploiement de structures spécialisées réunissant l'anatomie et la cytologie pathologique, disciplines historiques impliquées dans le diagnostic des cancers, et la biologie moléculaire. Cette nouvelle activité est assurée par un réseau de plateformes hospitalières régionales, labellisées par l'Institut National du Cancer, garantissant l'accès de l'ensemble de la population française à ces actes diagnostiques spécialisés. La mise en œuvre des plateformes de génétique moléculaire des cancers a été un point important du 1er plan Cancer dès 2003. Leur mise en activité a été effective et soutenue par le 2e plan Cancer et l'efficience du réseau mis en place a été soulignée comme un grand succès au niveau international. L'annonce récente du 3e plan Cancer insiste sur l'égalité d'accès aux innovations thérapeutiques et diagnostiques pour l'ensemble de notre population. Les biomarqueurs y trouvent une place centrale. Devant le développement croissant de thérapies nécessitant un diagnostic moléculaire, ces plateformes doivent faire face à une activité croissante et s'adapter très rapidement aux évolutions médico-scientifiques. Elles doivent également être à la recherche des innovations les plus récentes pour répondre aux besoins de la communauté médicale, au service de la population.

En matière d'innovation, une attention toute particulière est portée à la recherche et à la validation de biomarqueurs accessibles directement à partir d'un prélèvement sanguin constituant le concept de « biopsie liquide ». Une autre approche reposerait sur l'utilisation de techniques d'imagerie moléculaires obtenues de manière non invasive. L'aboutissement de ce concept permettrait la mise en place d'analyses réalisables dans des délais réduits et pouvant être réitérées au cours du suivi des patients. Dans tous les cas, les biomarqueurs identifiés devront être validés et atteindre un niveau de preuve avant d'être proposés en application diagnostique.
Devant la complexité des phénomènes biologiques mis en jeu au cours de l'oncogenèse et de l'évolution tumorale, il apparaît évident qu'au regard des attentes des cliniciens et des patients, « le biomarqueur idéal » demeure un mythe et que seule l'intégration d'un nombre croissant d'informations biologiques et génétiques, permettra d'envisager une prise en charge personnalisée d'un patient intégrant l'ensemble de ces notions.
Une définition des biomarqueurs et leur déclinaison dans les domaines de la génétique tumorale, du polymorphisme génétique avec leurs conséquences sur les thérapies du cancer sont présentées dans cet ouvrage. Les biomarqueurs innovants en matière de diagnostic et d'imagerie y sont également abordés incluant les dernières avancées dans le domaine des ganglions sentinelles, des cellules circulantes ou de l'imagerie moléculaire.
Cet ouvrage collectif pratique s'adresse à tous les praticiens impliqués dans la prise en charge de patients atteints de cancer, mais aussi aux enseignants, aux chercheurs, aux internes et étudiants.
Je souhaite partager avec ces lecteurs le plaisir que j'ai eu à coordonner son édition.

Pr Jean-Louis MERLIN
Institut de Cancérologie de Lorraine et Université de Lorraine

1. Les biomarqueurs moléculaires en oncologie

Génétique moléculaire des cancers : dualité hôte-tumeur

1

J. Robert

Introduction

Depuis que les outils de la biologie moléculaire et du séquençage ont été accessibles pour l'identification de biomarqueurs, biologistes et pathologistes se sont focalisés sur le génome tumoral, dont les altérations sont responsables de l'oncogenèse et de la progression des cancers, laissant aux épidémiologistes l'étude du génome constitutionnel pour l'identification de facteurs de risque de survenue des cancers. L'oncologie offre en effet cette particularité d'offrir deux génomes distincts à l'étude des chercheurs : le génome du patient et celui de la tumeur qui, certes, dérive du premier mais après avoir subi des altérations, d'importance très variable.

Les altérations du génome tumoral peuvent être limitées, voire unique comme la translocation BCR-ABL dans la leucémie myéloïde chronique, parfois extrêmement nombreuses et complexes, combinant mutations, amplifications et réarrangements, comme dans la plupart des carcinomes, pouvant conduire à l'activation d'oncogènes ou à la perte de fonction de gènes suppresseurs de tumeurs. Le génome constitutionnel, quant à lui, présente des altérations oncogéniques « latentes », c'est-à-dire mono-alléliques et ne se manifestant que lorsqu'une altération secondaire de l'autre allèle du même gène, dans une cellule quelconque, viendra éteindre toute fonctionnalité de la protéine issue du gène altéré. La prédisposition ou la susceptibilité à certains cancers peut être ainsi recherchée dans le génome de l'hôte. En dehors de son intérêt en épidémiologie moléculaire, le génome constitutionnel offre également des outils de pronostic des cancers et de prédiction d'activité et de toxicité des médicaments qui ne sont encore que peu exploités. La personnalisation des traitements est un progrès nécessaire, qui doit prendre en compte, au niveau moléculaire, les particularités individuelles comme les caractères propres de chaque tumeur.

J. Robert (✉) Inserm U916, Institut Bergonié, université de Bordeaux – 229, cours de l'Argonne CS 61283 - 33076 Bordeaux Cedex – E-mail : J.Robert@bordeaux.unicancer.fr

Sous la direction de Jean-Louis Merlin, *Les biomarqueurs moléculaires en oncologie*
ISBN : 978-2-8178-0444-6, © Springer-Verlag Paris, 2014

Génome constitutionnel

Chromosomes et chromatine

Le génome humain est constitué de deux fois 3,2 milliards de paires de nucléotides répartis en deux fois 23 chromosomes. Chaque chromosome contient une seule molécule d'ADN sous une forme compactée à l'extrême. Les chromosomes ne sont identifiables que pendant la mitose, au cours de laquelle ils deviennent visibles au microscope. En dehors de la mitose, cette compaction est moindre et les chromosomes ne sont plus directement identifiables. Dans les chromosomes, l'ADN est associé à de nombreuses protéines, l'ensemble formant la chromatine. On distingue l'hétérochromatine, très compacte, qui ne peut être le siège des opérations de transcription, et l'euchromatine, plus relâchée, où peuvent se dérouler ces opérations. La chromatine est constituée de particules enchaînées linéairement, appelées nucléosomes, empilés les uns sur les autres à la manière d'un collier de perles. Chaque nucléosome est constitué d'une partie centrale cylindrique protéique autour de laquelle s'enroule l'ADN (voir pour revue [1]). Les protéines constitutives du nucléosome sont les histones, protéines basiques interagissant avec l'ADN par des liaisons ioniques. La partie centrale du nucléosome est un octamère rassemblant deux copies des histones H2A, H2B, H3 et H4, l'histone H1 servant aux interactions entre nucléosomes. Les histones subissent de multiples modifications post-transcriptionnelles qui modulent leur interaction avec l'ADN et participent à la régulation de la transcription : méthylations, acétylations, phosphorylations en particulier [2].

Séquences génomiques

Seule une partie des séquences d'ADN des chromosomes constitue les gènes et, à l'intérieur de ceux-ci, seule une partie code pour la synthèse de protéines. À proximité des séquences codantes des gènes, de nombreuses séquences régulatrices de leur transcription ont été identifiées, comme les promoteurs. Il existe dans le génome, en dehors des gènes, de nombreuses séquences non codantes, dont certaines sont répétitives et dont la fonction n'est pas toujours connue. Notons que tous les gènes ne codent pas seulement des protéines, mais aussi des ARN particuliers qui ne seront pas traduits (ARN ribosomiques, ARN de transfert, micro-ARN, etc.).

Gènes

Les gènes contiennent l'information nécessaire à la synthèse des protéines. Cette information est discontinue dans le génome eucaryote, et les séquences informatives (codantes) appelées exons sont séparées par des séquences non

informatives appelées introns. De part et d'autre des séquences codantes se trouvent les extrémités non traduites (5'UTR et 3'UTR) jouant un rôle régulateur. La séquence protéique sera donc déterminée par la séquence nucléotidique des seuls exons. Les jonctions entre exons et introns possèdent de courtes séquences caractéristiques qui sont reconnues lors de la maturation des ARN messagers.
Les séquences régulatrices de la transcription des gènes sont localisées en particulier en amont du premier exon (5'UTR), dans une région appelée promoteur. Ces séquences peuvent être reconnues par des protéines spécifiques appelées facteurs de transcription. D'autres séquences régulatrices, parfois distantes de plusieurs milliers de bases, sont appelées « *enhancers* » ou « *silencers* ». On peut les rencontrer aussi dans les introns ou en aval du dernier exon. Enfin, la région 3'UTR contient des séquences de liaison des micro-ARN, petites séquences régulatrices de l'expression des gènes dont l'importance a été reconnue récemment [3].

Séquences structurales des chromosomes

Plusieurs sites chromosomiques contiennent des séquences nécessaires aux fonctions des chromosomes : au niveau du centromère, où se fait l'attachement du chromosome sur le fuseau mitotique ; au niveau des télomères, extrémités des chromosomes qui doivent être protégées des exonucléases ; au niveau des origines de réplication, dispersées le long des chromosomes.

Séquences répétitives

Environ 50 % du génome est constitué de séquences qui sont répétées, soit les unes à la suite des autres, en tandem, soit de façon dispersée dans le génome. Elles sont de taille variable, constituées de répétitions d'un motif unitaire plus ou moins long. Selon la taille du motif et le nombre de répétitions, on distingue :

- les microsatellites (*Short tandem repeats* ou STR), comportant des répétitions (quelques dizaines) d'un motif court (en majorité de 1 à 5 nucléotides) que l'on rencontre en de nombreux points du génome. On peut les rencontrer dans certains introns, en particulier des répétitions des deux nucléotides C et A *(CA repeats)* ;
- les minisatellites, ayant des motifs de quelques dizaines de nucléotides répétés quelques centaines de fois, très polymorphes dans leur séquence et le nombre de répétitions, et qui sont également dispersés dans le génome ;
- les satellites, pour lesquels le motif, qui peut comporter jusqu'à quelques centaines de nucléotides, est répété un très grand nombre de fois (de l'ordre de 500 000 à 1 000 000). Parmi les séquences dispersées, on distingue :
  - les séquences SINE *(Short interspersed elements)*, contenant 100 à 300 nucléotides. L'une d'elles, la séquence Alu, est rencontrée en moyenne toutes les 4 000 paires de bases, et près d'un million de copies

sont présentes dans le génome humain. Elles ne codent pour aucune protéine et leur rôle est inconnu. Elles dériveraient d'un gène codant pour l'ARN de la *Signal recognition particle* dont les transcrits se seraient réinsérés dans le génome ;

- les séquences LINE *(Long interspersed elements)*, contenant 5 à 7 000 nucléotides. Elles dériveraient de certains transcrits de l'ADN polymérase II ou d'une rétrotanscriptase qui se seraient réinsérés dans le génome. Il en existe environ 500 000 dans le génome humain, souvent incomplètes. Leur insertion dans la séquence d'un gène peut inactiver ce gène.

Éléments transposables

Les séquences SINE et LINE sont des séquences mobiles susceptibles de se déplacer de manière aléatoire d'un site chromosomique à l'autre ; ces séquences codent précisément pour les enzymes capables de réaliser leur transposition, soit directement (transposons), soit après rétrotranscription (rétrotransposons) [4]. Dans les cellules normales, ces gènes ne sont pas exprimés en raison d'une méthylation importante de leurs promoteurs.

Principales altérations du génome

Un certain nombre de maladies, dont font partie les cancers, sont liées à des altérations du génome. Il faut en premier lieu distinguer les altérations survenant dans la lignée germinale, qui concernent l'ensemble des cellules d'un individu : elles correspondent aux maladies héréditaires du métabolisme ; et les altérations survenant dans une lignée somatique donnée, qui seront à l'origine d'un cancer. Certains cancers procèdent d'ailleurs de la conjonction d'une altération germinale, qui entraîne une prédisposition à un cancer, et d'une altération somatique, qui aboutit au cancer dans l'organe où elle survient. Il faut distinguer également les altérations mineures, ne portant que sur un nucléotide et qui ne sont objectivables que par séquençage ; et les altérations entraînant des réarrangements majeurs (translocations intra- ou inter-chromosomiques) pouvant parfois être décelés par cytogénétique [5]. Enfin, une distinction doit également être faite entre les variations pathologiques, accompagnant les maladies héréditaires ou les cancers, et les variations communes, rencontrées tout au long du génome, qui sont responsables de l'extrême diversité de l'espèce humaine : ce sont les polymorphismes génétiques [6].

Altérations ponctuelles : mutations et polymorphismes

Des erreurs survenant au cours de la réplication ou induites par des agents mutagènes peuvent conduire au remplacement d'un nucléotide par un autre (mutation par substitution), à la perte d'un nucléotide (délétion) ou à l'addition d'un nucléotide (insertion). Lorsqu'elles surviennent au niveau de la séquence codante d'un gène, la protéine issue du gène muté peut porter une altération de structure pouvant conduire à son instabilité, à la réduction de son activité ou à la perte de sa fonctionnalité. On distingue les mutations silencieuses (conservation de l'aminoacide de la chaîne protéique), les mutations faux-sens (remplacement d'un aminoacide par un autre) et les mutations non-sens qui conduisent à une protéine tronquée (survenue d'un codon stop, altération d'un site d'épissage). Insertions et délétions modifient le cadre de lecture, donc la séquence de la protéine, et sont par principe des mutations non-sens. Lorsque ces erreurs surviennent dans les régions régulatrices de l'expression des gènes, dans les régions 3' ou 5' UTR et parfois dans les régions introniques, elles peuvent conduire à des anomalies de l'expression de la protéine, généralement moins délétères que les mutations affectant la séquence protéique.

Quant aux polymorphismes génétiques, leur fréquence varie d'un gène à l'autre ; généralement, elle est plus élevée dans les introns que dans les exons. Ils sont le support de variations phénotypiques mineures et expliquent les différences individuelles, depuis la couleur des yeux ou la forme du visage jusqu'à la susceptibilité héréditaire à certaines maladies ou la sensibilité à certains médicaments : à ce titre, les polymorphismes génétiques intéressent le médecin ou le pharmacologue [7]. De nombreux polymorphismes concernent un seul nucléotide, par substitution, insertion ou délétion : ce sont des SNP *(Single nucleotide polymorphism)*, mais il existe des polymorphismes plus complexes : certains concernent le nombre de répétitions de séquences micro- ou minisatellitaires, comme mentionné plus haut, souvent appelées VNTR *(Variable number of tandem repeats)*. Il existe également des variations du nombre de copies de certains gènes (CNV, pour *Copy number variations*), que l'on peut considérer comme des polymorphismes et qui peuvent jouer un rôle important dans le niveau d'expression des gènes [8].

Mutations par substitution et SNP sont donc biochimiquement identiques (remplacement d'un nucléotide par un autre) mais ont une signification très différente : on utilisera le terme de mutation pour les événements rares et délétères et le terme de polymorphisme pour les événements fréquents (au moins 1 % de fréquence allélique, soit 0,01 % de sujets homozygotes variants) et non délétères. Comme pour les mutations, on distingue dans les régions codantes des polymorphismes silencieux et des polymorphismes non-synonymes, avec remplacement d'un acide aminé par un autre au niveau de la protéine (faux-sens) ou aboutissant à une protéine tronquée totalement inactive (non-sens), parfois à la suite d'une altération au niveau d'un site d'épissage. Dans les régions non codantes, ces mêmes polymorphismes peuvent conduire à des différences notables du degré d'expression de la protéine, conduisant à des différences phénotypiques importantes.

Réarrangements du génome

Des anomalies de la méiose, plus rarement de la mitose, peuvent conduire à des réarrangements importants du génome. Les trisomies sont les réarrangements les plus fréquents, avec des conséquences pathologiques majeures. Des délétions et des insertions de segments chromosomiques surviennent lors de phénomènes de recombinaison homologue ou de transposition. La duplication de certains gènes peut survenir dans la lignée germinale, au cours de la méiose, mais l'amplification, qui conduit à la multiplication parfois considérable du nombre de copies d'un gène, ne survient généralement que dans des lignées somatiques et s'observe dans les cellules cancéreuses. Enfin, les translocations chromosomiques, dues à une recombinaison inégale entre séquences homologues dans deux chromosomes différents, s'observent également dans les cancers, tout particulièrement les leucémies.

Biomarqueurs et génome constitutionnel

Le génome de l'hôte représente ainsi une source d'informations capitale pour le diagnostic et le pronostic des cancers, tant pour la recherche de mutations germinales expliquant les syndromes de prédisposition aux cancers, que pour la recherche de polymorphismes associés à l'évolution de la maladie ou aux effets des traitements. Les mutations germinales des gènes *BRCA1* et *BRCA2* sont recherchées de façon systématique dans les cancers du sein dont la présentation clinique évoque l'existence d'un syndrome de prédisposition familiale, celles de gènes impliqués dans la réparation des mésappariements, en particulier *MLH1* et *MSH2*, dans les cancers du côlon évocateurs eux aussi d'une prédisposition familiale [9]. En revanche, la recherche de polymorphismes susceptibles de guider le choix des agents anticancéreux n'est pas encore passée en routine, malgré l'existence d'associations très fortes entre certains de ces polymorphismes et la toxicité de médicaments d'usage fréquent [10].

Génome tumoral

Caractères généraux

Alors que les polymorphismes génétiques sont des variations constitutionnelles qui sont présentes à une fréquence appréciable dans les populations humaines, les mutations somatiques des tumeurs sont des événements caractéristiques des cancers. On sait, depuis le travail pionnier de l'équipe de Weinberg [11], que trois événements oncogéniques au moins sont nécessaires à la transformation d'une lignée fibroblastique humaine normale en une lignée cancéreuse et tumorigène. On pensait que les tumeurs humaines sporadiques contenaient un nombre, certes variable, mais restreint, de tels événements mutationnels. On sait maintenant qu'un nombre très élevé d'altérations participant à l'oncogenèse peuvent être rencontrées dans le génome tumoral. Plusieurs grands projets de séquençage des génomes tumoraux ont été initiés et viendront apporter des bases de données exhaustives.

Des outils de plus en plus performants ont été mis en œuvre pour identifier les altérations génomiques des cancers. La cytogénétique a permis d'apporter la preuve que les cancers étaient bien des maladies du matériel génétique, et elle a mis en évidence les anomalies chromosomiques majeures qui caractérisent les cellules cancéreuses, en particulier les mutations récurrentes que l'on rencontre surtout dans les hémopathies malignes. Ultérieurement, la CGH *(Comparative genomic hybridisation)* a permis de localiser de façon plus précise les gains et les pertes de matériel génétique au niveau des chromosomes. Enfin le séquençage, aux réalisations de plus en plus spectaculaires, permet de dresser une cartographie détaillée des altérations génétiques des tumeurs.

Le génome tumoral est un génome profondément remanié et présentant, par rapport au génome constitutionnel dont il dérive, des centaines d'altérations. Certaines (dites *driver*) jouent un rôle moteur dans l'oncogenèse, soit comme événement initial de la transformation maligne, soit comme événement ultérieur concourant à la sélection des cellules les plus aptes à se multiplier et à envahir l'organisme. D'autres (dites *passenger*) ne sont présentes qu'en raison de l'instabilité génétique des cellules tumorales ; elles accompagnent simplement les altérations *driver* mais ne participent pas à l'oncogenèse et n'ont pas été sélectionnées lors de la transformation maligne. Il est *a priori* difficile de distinguer ces deux types d'altérations, seule une partie des gènes mutés apparaissant comme des « gènes de cancer ». On peut distinguer les altérations *activatrices* d'oncogènes, qui sont souvent des mutations bien définies et récurrentes, comme la mutation de *KRAS* que l'on rencontre, entre autres, dans les cancers colorectaux ou les cancers du pancréas ; et les altérations *inactivatrices* des gènes suppresseurs de tumeurs, qui peuvent être variées : mutations siégeant à des niveaux variés du gène, inactivation du promoteur par méthylation, etc.

La compréhension des mécanismes de l'oncogenèse, commencée en 1975 avec la découverte des oncogènes, a ouvert, vingt-cinq ans après, un nouveau champ thérapeutique en oncologie, celui des thérapies dites « ciblées », qui ont pour objectif d'inhiber les voies de signalisation activées par le processus oncogénique, en s'attaquant aux protéines responsables de cette activation (oncoprotéines). L'activité des thérapies ciblées est conditionnée par l'existence et l'utilisation, dans la tumeur traitée, du mécanisme oncogénique que l'on vise. Il n'est donc pas surprenant que l'activité de ces thérapies soit associée à certaines altérations oncogéniques et que, dès maintenant et plus encore dans le futur, on ne puisse les prescrire que si l'altération oncogénique est présente dans la tumeur à traiter. L'extrême diversité des altérations du génome tumoral et le fait que chaque tumeur soit unique sur le plan moléculaire rendent le travail du clinicien et du pharmacologue particulièrement difficile : peut-on espérer atteindre l'ensemble de ces altérations ? Faut-il envisager une attaque simultanée ou successive des cibles ? Jusqu'où peut-on pousser l'individualisation des traitements ?

Apport de la cytogénétique

La cytogénétique a représenté une étape cruciale dans notre compréhension de certaines maladies héréditaires, au premier rang desquelles la trisomie 21. Appliquée à la cancérologie, elle a révélé l'existence d'anomalies chromosomiques dans les cellules cancéreuses, bien plus profondes que celles que l'on peut rencontrer dans les cellules germinales : les remaniements chromosomiques sont la règle dans les tumeurs solides comme dans les hémopathies malignes et sont liés à l'instabilité génomique caractéristique des cancers. La plupart des tumeurs sont aneuploïdes et possèdent des délétions ou des duplications de tout ou partie des chromosomes [12], comme le montre la figure 1.

Certains de ces remaniements sont rencontrés de façon récurrente dans les leucémies, les lymphomes et les sarcomes. Il existe ainsi des translocations caractéristiques d'un type de cancer précis qui entraînent la migration d'une partie ou de la totalité d'un gène à un autre endroit du génome ; le résultat de ces translocations a parfois pu être caractérisé de façon précise sur le plan moléculaire et peut obéir à deux types de mécanismes :

- le gène transloqué peut passer sous le contrôle du promoteur d'un autre gène et, si ce promoteur est très actif, le gène est alors hyperexprimé. Cela se rencontre en particulier dans les lymphomes lorsqu'un proto-oncogène comme *MYC* ou *BCL2* passe sous le contrôle du promoteur d'un gène d'immunoglobuline, particulièrement « fort » dans les cellules lymphoïdes ; l'exemple en est la translocation t(14;18) des lymphomes folliculaires [13] ;
- le gène transloqué peut fusionner, sans rupture du cadre de lecture, avec un autre gène, donnant naissance à une protéine hybride qui peut présenter une activité distincte de celle de la protéine normale. Le cas le plus connu est celui de la protéine BCR-ABL, issue du gène de fusion obtenu lors de la translocation t(9;22) de la leucémie myéloïde chronique [14].

Mais la majorité des remaniements qui surviennent dans les tumeurs solides d'origine épithéliale (sein, côlon, poumon, prostate, voies aérodigestives supérieures, etc.) sont au contraire sporadiques et semblent uniques et caractéristiques d'une tumeur individuelle. Ils n'ont pu servir, jusqu'à présent, à comprendre les mécanismes de l'oncogenèse dans ces tumeurs et la cytogénétique des tumeurs solides n'est pas un examen de routine comme il peut l'être dans les hémopathies malignes et les sarcomes.

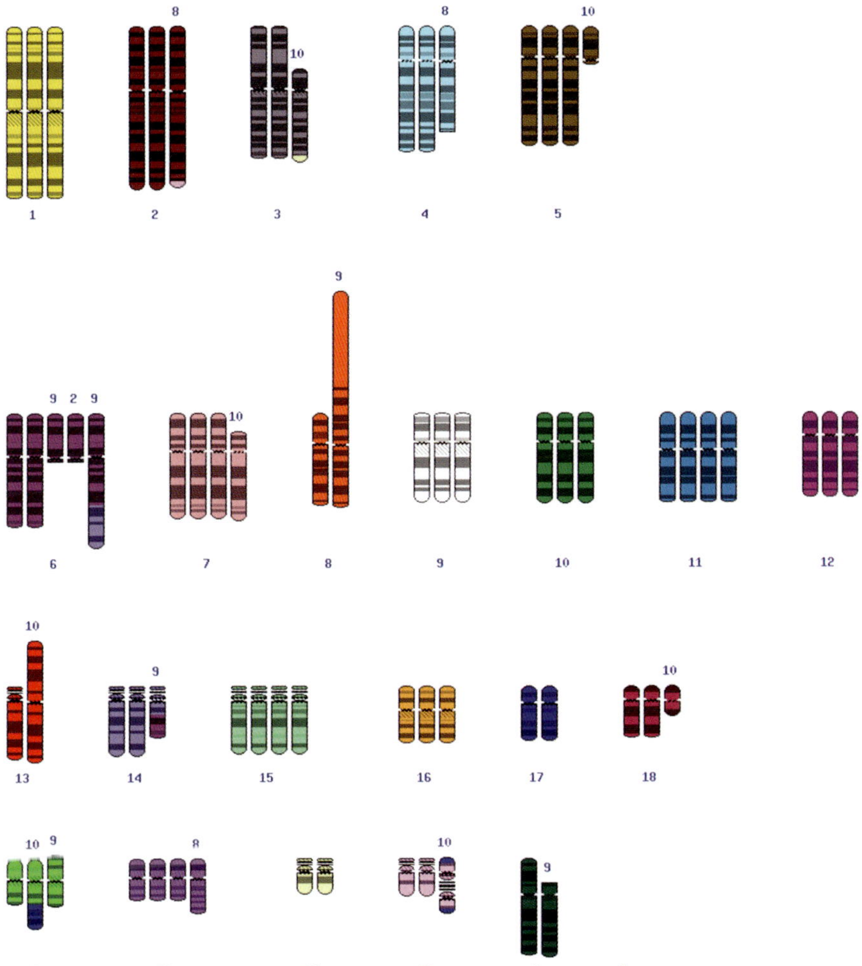

Fig. 1 – Exemple de caryotype d'une lignée cancéreuse : la lignée HT29, provenant d'un cancer du côlon. Publié avec l'autorisation du *National Cancer Institute*.

Apport de la CGH *(Comparative genomic hybridisation)*

La CGH est une technique permettant de comparer l'ADN d'un tissu cancéreux à celui d'un tissu normal servant de référence, afin de déceler, sur des zones étendues du génome, des différences quantitatives de représentation des séquences. Elle permet ainsi d'identifier des *pertes*, c'est-à-dire la diminution ou la disparition de certaines séquences, et des *gains*, c'est-à-dire l'amplification d'autres séquences. L'ensemble du génome, à l'exception des séquences répétitives de grande taille, est ainsi exploré, chromosome par chromosome, ce qui permet de dresser des cartes où apparaissent les *loci* porteurs de pertes et de gains.

La CGH était réalisée dans ses débuts sur les chromosomes métaphasiques ; elle est réalisée maintenant sur des *arrays* (étalements) de sondes représentatives des séquences chromosomiques. Les fragments de chromosomes dupliqués sont identifiables, de même que les fragments de chromosomes perdus. C'est un outil important pour la caractérisation des anomalies chromosomiques, à condition qu'elles soient de taille suffisante (au moins 10 000 nucléotides).
Appliquée à certains cancers comme les cancers du sein ou les sarcomes, la CGH livre une « signature » caractéristique de différents types moléculaires de ces tumeurs. C'est ainsi que l'on peut reconnaître [15] des sarcomes « à génétique simple », caractérisés par des amplifications bien définies, toujours les mêmes (le locus 12q13-15 impliquant les gènes *MDM2* et *CDK4*, dans les liposarcomes) ; et des sarcomes à génétique complexe porteurs d'anomalies multiples, non systématisables et témoignant de remaniements chromosomiques importants (fig. 2). Comme les signatures d'expression, ces signatures peuvent d'abord contribuer à la classification nosologique des cancers : les cancers du sein ont des régions chromosomiques 1q et 8q qui montrent des gains alors que la région 16q présente des pertes : cela permet de rechercher des oncogènes dans les premières, des gènes suppresseurs de tumeurs dans la seconde. Ces signatures peuvent également être associées à des caractères pronostiques de l'évolution du cancer ou prédictifs de la réponse à la chimiothérapie. C'est ainsi que l'amplification d'une région du chromosome 17, qui porte les gènes *ERBB2* et *TOP2A*, est associée à la sensibilité au trastuzumab (amplification d'*ERBB2*) et aux anthracyclines (amplification de *TOP2A*) [16].

Apport du séquençage

Le séquençage de l'ADN s'est longtemps pratiqué avec la méthode des di-désoxynucléotides, dite de Sanger, avec des appareils mis en batterie de plus en plus puissants, jusqu'à l'arrivée d'une nouvelle technologie qui a permis de changer d'échelle : le *Next generation sequencing* (NGS). Il est possible de séquencer un génome entier en quelques jours pour quelques milliers d'euros, et il sera possible bientôt de le faire en quelques heures pour quelques centaines d'euros. Cet apport technique révolutionne notre connaissance des altérations moléculaires des cancers, en particulier, mais pas seulement, parce qu'il permet de détecter rapidement la totalité des mutations présentes dans une tumeur. Un travail pionnier du groupe de Vogelstein, réalisé avant l'époque du NGS, a apporté un ensemble de données fondamentales toujours valables [17]. Ila porté sur 11 cancers du sein et 11 cancers colorectaux et a séquencé initialement les exons de 13 000 gènes, soit un peu plus de la moitié du génome. Un algorithme probabiliste, qui a été un point de contestation de ce travail, a permis de distinguer les mutations *driver* des mutations *passenger* et de définir des « gènes de cancer » *(cancer genes)*. Les principales conclusions de ce travail sont les suivantes :

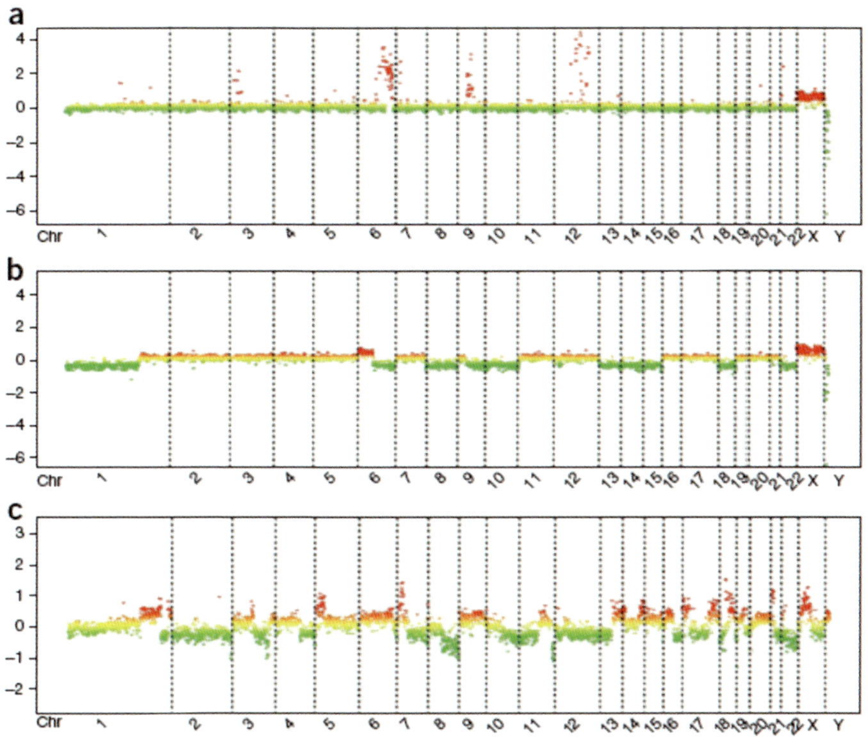

Fig. 2 – Exemple de CGH array. L'axe des abscisses représente les chromosomes, de 1 à X, et l'axe des ordonnées représente les logarithmes des rapports des quantités d'ADN entre tumeur et tissu sain. (a) Sarcome présentant des amplifications définies de certains gènes, en particulier au niveau des chromosomes 3, 6, 9 et 12. (b) Sarcome présentant des gains et des pertes de chromosomes entiers ou de bras de chromosomes (c) Sarcome présentant de nombreuses altérations, avec de nombreux gains et pertes intrachromosomiques ainsi que des amplifications. Extrait de la référence [15] avec la permission de l'éditeur.

- le nombre total de mutations est très élevé : 1 149 gènes étaient porteurs d'une mutation sur 13 000, dont 189 gènes de cancer (122 dans cancers du sein, 69 dans cancers du côlon) ;
- le nombre de mutations par tumeur est très élevé : il est dans les cancers du sein de 67 mutations par tumeur en moyenne, dont 4 à 23 gènes de cancer (moyenne : 12) ; et dans les cancers du côlon de 52, dont 3 à 18 gènes de cancer (moyenne : 9) ;
- chaque tumeur présente un profil mutationnel original : il n'existe pas deux tumeurs semblables et aucune tumeur n'a plus de 6 mutations d'un gène de cancer en commun avec une autre tumeur ;
- tous les gènes déjà connus comme impliqués dans l'un ou l'autre des deux types tumoraux ont été retrouvés mutés dans au moins une tumeur (par exemple *TP53*, *KRAS*, *SMAD4*, *APC*, *PIK3CA* et *CDC4* dans les cancers du côlon) ;

- les « gènes de cancer du sein » sont distincts des « gènes de cancer du côlon » : seuls cinq gènes de cancer sont retrouvés dans les deux types tumoraux (dont *TP53* et *PIK3CA*) mais les voies affectées sont les mêmes. Ces voies concernent principalement, par ordre de fréquence (selon la classification fonctionnelle admise) : adhésion et motilité cellulaire ; transduction des signaux de prolifération ; régulation de la transcription ; transport ; métabolisme cellulaire ; trafic intracellulaire ; métabolisme de l'ARN ;
- la nature des mutations est différente dans les cancers du sein et du côlon ; c'est-à-dire, par exemple, que les mutations C:G → T:A sont prédominantes dans les cancers du côlon alors que les mutations C:G → G:C sont prédominantes dans les cancers du sein. Cela montre que les mécanismes de l'oncogenèse sont distincts dans ces deux types de cancer.

Il faut rappeler que ce travail ne concernait que les exons de la moitié du génome et seulement les événements mutationnels. Il faudrait explorer également le reste du génome (cela a été fait ultérieurement par la même équipe pour aboutir à 18 000 gènes [18]), les altérations du nombre de copies des gènes (amplifications en particulier), les altérations des régions régulatrices, les altérations épigénétiques, etc. Signalons par exemple que l'amplification du gène *ERBB2*, caractéristique oncogénique de 20 % des cancers du sein, ne pouvait être identifiée avec l'approche utilisée. La disponibilité du NGS permet maintenant d'envisager une approche complète. L'*International Cancer Genome Consortium* a pour objectif de séquencer la totalité du génome de 500 tumeurs de chaque type de cancer et les résultats commencent à être disponibles.

Il est possible de représenter l'ensemble des altérations génétiques d'une tumeur sous la forme d'un diagramme unique *(Circos plot,* fig. 3*)* où figurent les mutations ponctuelles (substitutions, délétions, insertions), codantes et non codantes, les amplifications et les pertes de matériel chromosomique, et les réarrangements intra- et inter-chromosomiques [19]. Pourrons-nous choisir un jour un traitement anticancéreux en plaçant cette carte sous un négatoscope, comme nous le faisons aujourd'hui des résultats d'un scanner, et en recherchant les « points sensibles » vis-à-vis desquels la tumeur présente une vulnérabilité particulière ?

Apport de l'épigénétique

Enfin, le génome tumoral est sujet à de profonds remaniements épigénétiques. La méthylation de l'ADN sur les cytosines de la région promotrice constitue un mode important de régulation de l'expression des gènes. Elle permet de distinguer des gènes « actifs », c'est-à-dire transcrits, et des gènes « inactifs », non transcrits. Cette méthylation est réalisée par des ADN méthyltransférases sur le carbone 5 de résidus cytosine de certains doublets CpG, généralement regroupés dans des régions de plusieurs dizaines de nucléotides

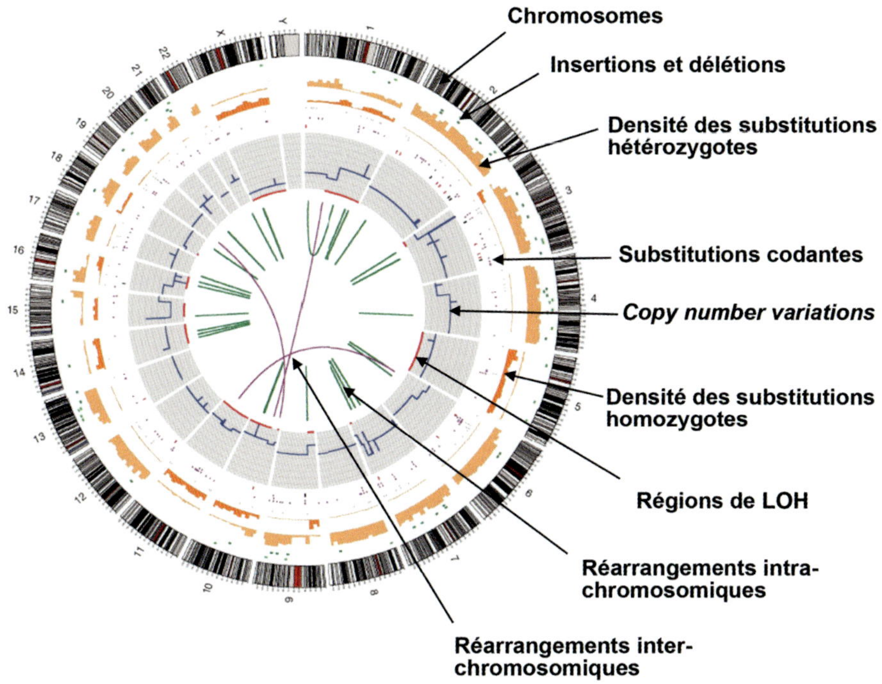

Fig. 3 – Exemple de représentation CIRCOS des anomalies moléculaires rencontrées dans une tumeur (ici un mélanome malin). Extrait de la référence [19] avec la permission de l'éditeur.

appelées « îlots CpG ». Grâce à une ADN méthyltransférase « de maintenance », DNMT1 *(DNA methyltransferase 1)*, la méthylation de ces cytosines se transmet de cellule-mère à cellule-fille comme si elle était génétique ; on dit qu'elle est épigénétique. Il est possible d'évaluer le degré de méthylation des sites CpG, soit gène par gène, soit par des techniques à haut débit.

On observe dans les cancers une *diminution globale* de la méthylation, qui est en fait liée à la déméthylation des promoteurs du gène *LINE1*, cette séquence répétitive dérivée du gène d'une rétrotranscriptase, normalement non exprimée dans les tissus normaux. La réactivation de *LINE1* est un facteur d'instabilité génomique et cette déméthylation concourt donc à l'oncogenèse. On observe en outre dans les cancers une *augmentation spécifique* de la méthylation, au niveau des promoteurs de gènes suppresseurs de tumeurs [20]. L'extinction de ces gènes contribue de façon importante à l'oncogenèse. Des agents pharmacologiques induisant une déméthylation de l'ADN ont été proposés et sont utilisés dans le traitement des syndromes myélodysplasiques. La méthylation du promoteur du gène *MGMT (Methyl guanine methyltransferase)*, impliqué dans la réparation de l'ADN, conditionne l'activité des nitrosourées et du témozolomide [21].

Biomarqueurs et génome tumoral

Un certain nombre d'anomalies moléculaires présentes dans le génome tumoral sont maintenant recherchées de façon systématique lors de la prescription de certains agents anticancéreux dont l'activité n'est possible que sur les cellules présentant l'altération génétique considérée : la recherche de mutations du domaine kinase du gène *EGFR* des cancers du poumon conditionne la prescription de géfitinib et d'erlotinib, celle de mutations du gène *KRAS* dans les cancers colorectaux la prescription de cétuximab, celle de mutations du gène *BRAF* la prescription de vemurafenib dans les mélanomes malins. Ces trois exemples, qui seront développés plus loin dans cet ouvrage, sont représentatifs de ce que doit être une médecine « moléculaire », sachant tirer parti de l'essor des techniques de biologie moléculaire pour affiner le diagnostic, préciser le pronostic et prédire réponse et toxicité des traitements que l'on se propose de mettre en œuvre. L'évolution très rapide des techniques permettra sans nul doute de rechercher dans un proche avenir ces altérations, non plus dans le tissu tumoral, obtenu par biopsie, mais dans le sang, duquel on peut isoler des cellules tumorales ou de l'ADN tumoral « nu » en quantité suffisante pour y rechercher les altérations moléculaires utiles, voire nécessaires au diagnostic et à la prise en charge des cancers.

Références

1. Brown TA (2004) Génomes. Flammarion Médecine Sciences, Paris.
2. Lennartsson A, Ekwall K (2009) Histone modification patterns and epigenetic codes. Biochim Biophys Acta 1790: 863-8
3. Calin GA, Croce CM (2006) MicroRNA signatures in human cancers. Nat Rev Cancer 6: 857-66.
4. Copeland NG, Jenkins NA (2010) Harnessing transposons for cancer gene discovery. Nat Rev Cancer 10: 696-706
5. Alkan C, Coe BP, Eichler EE (2011) Genome structural variation discovery and genotyping. Nat Rev Genet 12: 363-76
6. Roses AD (2008) Pharmacogenetics in drug discovery and development: a translational perspective. Nat Rev Drug Discov 7: 807-17
7. Ma Q, Lu AY (2011) Pharmacogenetics, pharmacogenomics, and individualized medicine. Pharmacol Rev 63: 437-59
8. He Y, Hoskins JM, McLeod HL (2011) Copy number variants in pharmacogenetic genes. Trends Mol Med 17: 244-51
9. Stoppa-Lyonnet D, Stern MH, Soufir N, Lenoir G (2010) Prédispositions génétiques aux cancers : actualités et perspectives en 2010. Pathol Biol 58: 324-30
10. Swen JJ, Nijenhuis M, de Boer A, *et al.* (2011) Pharmacogenetics: from bench to byte – an update of guidelines. Clin Pharmacol Ther 89: 662-73
11. Hahn WC, Counter CM, Lundberg AS, *et al.* (1999) Creation of human tumour cells with defined genetic elements. Nature 400: 464-8
12. Roschke AV, Tonon G, Gehlhaus KS, *et al.* (2003) Karyotypic complexity of the NCI-60 drug-screening panel. Cancer Res 63: 8634-47
13. Delsol G (2010) Les anomalies moléculaires dans les lymphomes. Bull Cancer 97: 1347-64

14. Druker BJ (2008) Translation of the Philadelphia chromosome into therapy for CML. Blood 112: 4808-17
15. Chibon F, Lagarde P, Salas S, *et al.* (2010) Validated prediction of clinical outcome in sarcomas and multiple types of cancer on the basis of a gene expression signature related to genome complexity. Nat Med 16: 781-7.
16. Du Y, Zhou Q, Yin W, *et al.* (2011) The role of topoisomerase IIα in predicting sensitivity to anthracyclines in breast cancer patients: a meta-analysis of published literatures. Breast Cancer Res Treat 129: 839-48
17. Sjoblom T, Jones S, Wood LD, *et al.* (2006) The consensus coding sequences of human breast and colorectal cancers. Science 314: 268-74
18. Wood LD, Parsons DW, Jones S, *et al.* (2007) The genomic landscapes of human breast and colorectal cancers. Science 318: 1108-13
19. Pleasance ED, Cheetham RK, Stephens PJ, et al. A comprehensive catalogue of somatic mutations from a human cancer genome. Nature 2010; 463: 191-6
20. Watanabe Y, Maekawa M (2010) Methylation of DNA in cancer. Adv Clin Chem 52: 145-67
21. Quillien V, Vauléon E, Saikali S, *et al.* (2011) Intérêt de la MGMT dans les gliomes. Bull Cancer 98: 291-303

Validation des biomarqueurs, niveau de preuve et essais cliniques adaptatifs

2

E. Luporsi

Introduction

Le champ des biomarqueurs est vaste, de la prévention au traitement en passant par la détection des populations cibles. Il est très fréquemment associé au concept de médecine personnalisée regroupant la théranostique et la recherche de test compagnon [1]. C'est actuellement un sujet qui suscite un intérêt majeur et une curiosité au sein de l'ensemble de la communauté médicale et de l'industrie pharmaceutique. Le concept de biomarqueur n'est pas nouveau, leur utilisation dans le domaine de la Recherche et Développement du médicament et du diagnostic date de plusieurs dizaines d'années. Ce sont l'apparition des nouvelles technologies permettant d'étendre les possibilités d'analyse comme la génomique, la protéomique et la métabolomique, combinées avec le développement des automates et de systèmes biologiques intégrés et l'amélioration de la sensibilité analytique, au cours des dix dernières années, qui ont conduit à une accélération du taux de découverte de biomarqueurs et une amélioration majeure de la qualité et de l'utilité de ces marqueurs.

Définition d'un biomarqueur

Un biomarqueur est une caractéristique mesurée objectivement (avec une précision et une reproductibilité suffisantes) et évaluée comme indicateur de processus physiologique ou pathologique ou de l'action de médicaments. Il s'agit d'outils d'origine biologique, déterminés par des méthodes anatomopathologiques (immunohistochimie ou hybridation *in situ*), biochimiques ou par

E. Luporsi (✉) Institut de cancérologie de Lorraine, 6, avenue de Bourgogne, 54519 Vandœuvre-lès-Nancy – E-mail : e.luporsi@nancy.unicancer.fr

Sous la direction de Jean-Louis Merlin, *Les biomarqueurs moléculaires en oncologie*
ISBN : 978-2-8178-0444-6,

biologie moléculaire. Ils permettent de distinguer un état médical normal d'un état pathologique ou de mesurer une réponse à un traitement.

Différents types de biomarqueurs

Ils peuvent être :

- **physiopathologiques** (expliquer les modifications des fonctions de l'organisme) ;
- **diagnostiques** (identifier une pathologie) ;
- **pronostiques** (prédire l'évolution et définir par exemple une population de bon pronostic qui n'aurait pas besoin de traitement ou au contraire une population avec des tumeurs agressives qui nécessiteraient un traitement adapté) ;
- **prédictifs** (prédire l'issue sous traitement, et par exemple définir une population répondant à un traitement spécifique ciblé ou non) ;
- **de toxicité** (cardiaque, néphrologique, neurologique, etc.) ;
- **pharmacogénétiques** ou pharmacogénomiques (de susceptibilité à des traitements) ;
- **génétiques** (constitutionnels).

Un biomarqueur peut être **unique** ou **composite** (équation basée sur plusieurs éléments précités).

Contexte actuel de l'intérêt des biomarqueurs

Le processus de développement d'un nouveau médicament dure de 10 à 15 ans, il est onéreux et peu productif (1 mise sur le marché pour 5 000 composés testés). En 2006, la FDA [2], au vu du taux de rentabilité, a émis des recommandations dont :

- la première est le développement de biomarqueurs et de modèles expérimentaux pertinents, prédictifs de l'efficacité et de la tolérance ;
- la deuxième est un rationnel clinique efficace : sécurisation des patients, donc contrôle d'innocuité en utilisant des méthodologies probabilistes modernes *(adaptive designs)* tenant compte de la notion bénéfice-risque dans un même critère de jugement.

La stratégie de développement doit s'appuyer sur des essais de phase I à III, en passant par les études de phases II particulièrement importantes, à condition d'utiliser des modèles adaptés basés sur ces méthodes probabilistes modernes.

Validation d'un biomarqueur

Dans une première étape, les deux caractéristiques essentielles à prendre en compte pour valider un biomarqueur sont la valeur pronostique et la valeur prédictive. Dans une deuxième étape, il est important de savoir ce que le biomarqueur apporte comme valeur ajoutée par rapport aux outils existants. L'étape finale après l'établissement de niveaux de preuve consiste à proposer des recommandations et ainsi de mettre en concurrence les différents biomarqueurs. Les conditions des phases pré-analytiques et analytiques, en particulier les modalités de prélèvement, d'acheminement, de stabilisation, sont à relever dans les publications et à prendre en compte dans l'application en pratique clinique de ces biomarqueurs [3, 4].

Valeur pronostique et prédictive définies par deux grilles (Hayes et Simon)

En 1996, une méthode validée par une commission de l'American Society of Clinical Oncology (ASCO) sous la conduite de D.F. Hayes a été proposée [5] afin de donner des bases objectives de jugement pour l'évaluation et la pertinence des biomarqueurs : le *Tumor marker utility grading system* (TMUGS). Le niveau de preuve d'un facteur biologique est attribué selon la classification décrite dans le diagramme TMUGS (fig. 1). Un facteur biologique ne peut être considéré comme pronostique ou prédictif que si son évaluation est arrivée en phase 4 du diagramme TMUGS.

En 1998, une extension de la grille d'évaluation a été décrite, permettant un classement des marqueurs par niveau d'utilité et par niveau de preuve (LOE : *Level of evidence*) (grille de Hayes) [6]. Les trois niveaux de preuve sont définis ainsi :

– LOE I : niveau de preuve élevé (par exemple pour le cancer du sein HER2, RH, uPA-PAI1) ;

– LOE II : niveau de preuve intermédiaire (par exemple pour le cancer du sein Oncotype) ;

– LOE III : niveau de preuve bas (par exemple pour le cancer du sein Mammaprint).

La grille de Hayes a été mise à jour par Simon en 2009 [7]. Dans la version de la grille de Simon, certains éléments ont été précisés avec en particulier l'attribution d'un niveau de preuve LOE IB pour des études prospectives-rétrospectives sur des échantillons archivés mais collectés prospectivement dans le cadre d'un essai randomisé avec un critère de jugement principal, mais non dédié à l'étude du biomarqueur. Un ensemble de 7 critères est défini dans cette grille :

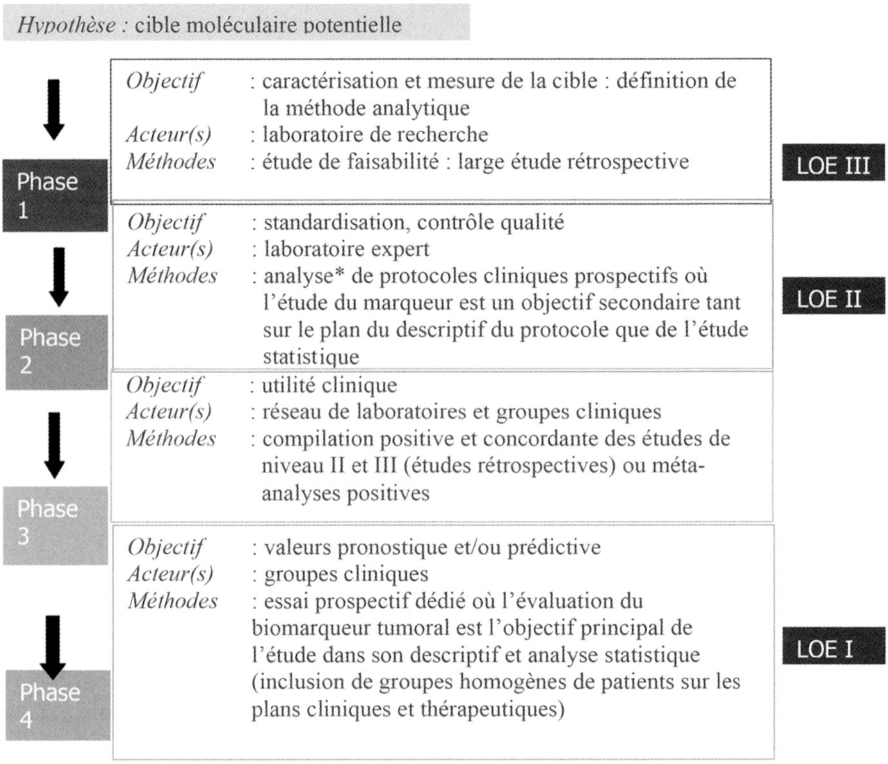

Fig. 1 – Diagramme TMUGS (grille de Hayes [5, 8]) (source : Inca 2014 - www.e-cancer.fr).

1. Les résultats doivent être confirmés dans le cadre d'au moins une autre étude similaire avec des échantillons provenant d'un essai différent.
2. Les échantillons disponibles doivent être en nombre suffisant (au moins 2/3 permettant d'assurer la représentativité de la population de l'essai et donc une puissance acceptable de l'étude) ou bien les patients sont sélectionnés de manière à éviter les biais de sélection par exemple en mimant une randomisation *via* un schéma mathématique.
3. Les données préanalytiques doivent être parfaitement contrôlées et doivent correspondre à la pratique actuelle (procédures opératoires standards).
   - Le test doit être validé en analytique et en préanalytique pour son utilisation sur des échantillons archivés.
   - La technique analytique du marqueur doit être précise, reproductible, robuste.
4. La conception de l'étude doit être complètement définie et écrite avant la conduite de l'essai sur des tissus archivés et doit être dédiée à l'évaluation d'un seul marqueur bien défini.
5. La conception et l'analyse de l'étude doivent être adéquates et appropriées à l'étude de l'utilité du marqueur pour une utilisation clinique précise.

6. Si les patients ont reçu un traitement adjuvant, ce dernier doit être considéré dans l'analyse multivariée.
7. Les données cliniques (critère de jugement et traitement) doivent être en aveugle : le test doit être conduit sans communication des données cliniques.

À partir de ces deux grilles (Hayes et Simon) est définie une classification globale avec trois éléments :

- **la validité analytique** : capacité de l'examen à mesurer d'une manière précise et reproductible le génotype ou la substance à analyser : technique validée, faisable, sensible, spécifique et reproductible ;
- **la validité clinique** : capacité de l'examen à identifier d'une manière précise et reproductible un sous-groupe à risque de patients, ou de prévoir une évolution clinique liée ou non à un traitement ;
- **l'utilité clinique.**

Au-delà de la valeur pronostique et prédictive d'un biomarqueur, la décision de ne pas prescrire une chimiothérapie adjuvante doit s'appuyer sur un test utile cliniquement. L'utilité clinique d'un test doit être notamment évaluée au regard de sa valeur ajoutée (complémentarité de l'information) par rapport aux marqueurs usuels (RH, HER2...) [5, 9] et du rapport bénéfice/risque lié à l'utilisation de ce biomarqueur (effets secondaires de la chimiothérapie évités/risque de récidive de cancer survenant malgré le classement en bon pronostic).

Il s'agit du rapport bénéfice/risque lorsque le marqueur est employé dans l'objectif de modifier la prise en charge des patients ; l'utilité correspond à la valeur ajoutée/puissance du marqueur par rapport aux autres outils existants.

Des études de corrélation sont nécessaires pour évaluer la valeur ajoutée d'un marqueur donné par rapport aux autres outils existants :

- une corrélation faible entre deux marqueurs indique que chacun apporte une information spécifique ;
- une corrélation forte entre deux marqueurs indique qu'il y a redondance d'information.

Grille du groupe de l'EGAPP

Elle s'appuie sur la validité analytique, la validité clinique et l'utilité clinique permettant l'attribution de niveaux de preuve, mais également la gradation de recommandations [9].

En pratique, comment développer des essais cliniques selon les phases de développement du biomarqueur ?

Le développement est rendu possible grâce à la génomique, la protéomique, la métabolomique et la bioinformatique. Les enjeux sont scientifiques et techniques, organisationnels mais également éthiques et socio-économiques. Il s'agit d'un processus global très complexe, en effet les données cliniques sont nombreuses et les biobanques actuellement se multiplient. Il faut rappeler que le pré-analytique et l'analytique des échantillons tumoraux utilisés sont essentiels dans cette démarche.

Le plan d'étude est basé sur la mesure du signal recherché (différence entre deux bras de traitement) avec une probabilité élevée (la précision est augmentée quand l'échantillon est plus grand). L'interprétation des résultats peut être difficile, c'est pour cela que des étapes de validation biologique et clinique sont nécessaires. Les marqueurs prédictifs sont essentiels pour l'enregistrement du médicament (trastuzumab, géfitinib, panitumumab). Parfois la nécessité d'un biomarqueur prédictif semble évidente mais s'avère non liée à la réponse, comme par exemple dans le cas du cétuximab, anticorps anti-EGFR pour lequel l'expression de EGFR n'est pas prédictive de la réponse, ce qui a nécessité de modifier l'autorisation de mise sur le marché (AMM) au cours du temps. Il est évident que des biomarqueurs manquent pour certains traitements dits ciblés, et qui ont un coût en qualité de vie et sur le plan financier.

Un biomarqueur « efficace » doit montrer la valeur réelle du médicament. Il est nécessaire de réaliser des études de phase III moins coûteuses (nombre de sujets nécessaires quatre fois moindre) et de réduire les échecs en phase III, d'où la réflexion autour des modèles adaptés, car dans certains essais traditionnels la limite de significativité de l'essai $p < 0,05$ informe peu et mène à des interprétations erronées, l'intervalle de confiance est large et l'interprétation des résultats est difficile. Les analyses intermédiaires représentent une première approche. Ces modèles sont basés sur des méthodes bayésiennes qui permettent d'évaluer les effets sans imposer la recherche de valeurs significatives, c'est la notion de bénéfice-risque qui prime. Ces modèles utilisent les données accumulées dans l'essai pour éventuellement en modifier certains aspects : nombre de sujets, choix de la prochaine dose, changement du ratio de randomisation, modification des critères d'inclusion, de la population d'analyse (sous-groupe) et sélection de la dose sans compromettre la validité et l'intégrité de l'essai. Les avantages de ces modèles sont le raccourcissement des délais de développement et leur attractivité. Ces modèles nécessitent un statisticien expert et une logistique permettant d'avoir des données en temps réel.

Par exemple, pour la phase I, le modèle CRM *(Continual reassessment model)* a pour avantage une meilleure estimation de la dose maximale tolérée, une attribution plus rapide de la bonne dose avec moins de patients exposés à des doses toxiques ou inefficaces. Ce design est fortement recommandé par le consensus de Gien.

Pour la phase I-II, les modèles bayésiens permettent une évaluation combinée de la tolérance et de l'efficacité et conduisent à moins de risque d'éliminer des doses intéressantes. Les limites pourraient être un recul insuffisant s'il existe des toxicités tardives. Le consensus de Giens recommande cette phase pour développer un médicament en monothérapie. La phase II devient ainsi un essai d'efficacité précoce et exploratoire avec recherche de dose. Il peut s'agir d'essais de priorisation (avec plusieurs bras de traitement) permettant la sélection du « bras gagnant » (traditionnellement traités dans des essais séparés) et d'avoir ainsi une ou deux hypothèses sur des biomarqueurs. Les avantages sont une nécessité de recrutement avec moins de patients ou l'exploration possible d'un plus grand nombre de doses et ainsi plus de patients traités à la bonne dose. Les limites en sont la logistique, la complexité, et la non-applicabilité si le critère de réponse est tardif. Le consensus de Gien recommande fortement cette phase.

De ces modèles vont découler la décision d'aller ou non en phase III et l'attitude *go or no go* décision. En effet, lorsque le critère combiné efficacité-toxicité est intéressant avec une efficacité supérieure à 20 % et une toxicité faible (exemple de l'imatinib), il n'est pas nécessaire de poursuivre par une phase III, le médicament peut être autorisé pour mise sur le marché. En revanche, s'il y a une efficacité supérieure à 20 % et une toxicité, la conduite d'une phase III sera nécessaire. Si l'efficacité est inférieure à 20 % avec une pharmacocinétique favorable et une inhibition des cibles, quelle que soit la toxicité, la poursuite en phase III sera également nécessaire. En revanche, s'il y a une inhibition des cibles seule avec une toxicité significative, il faut retourner en phase I et II, si la toxicité est modeste, la phase III est utile si l'agent est potentiellement cytostatique. En revanche, s'il y une absence d'activité biologique, il faut arrêter le développement du médicament, quel que soit la toxicité (Robert 2003).

Dans les modèles adaptés, la phase III devient une phase d'enrichissement. Il s'agit d'un essai qui débute avec une population « large » et se poursuit dans un sous-groupe « ciblé sur un biomarqueur » avec une efficacité pour 50 % des individus pour lesquels un biomarqueur est présent. On parle d'enrichissement *post-hoc* lorsqu'il y a découverte d'un nouveau marqueur non prévu au départ. À noter que les phases II-III ne permettent pas un schéma adapté et sont donc à éviter.

En conclusion, l'effet recherché est l'amélioration de l'efficacité des essais cliniques par la rapidité et la flexibilité de leurs designs. Ces essais adaptés sont en augmentation, en particulier en cancérologie. Ces méthodes centrées sur les tests statistiques nécessitent des progrès à faire sur l'estimation. Le monde industriel a une bonne expérience de ces modèles. Dans le monde académique, leurs coûts restent à évaluer, ce qui souligne la différence des risques et des bénéfices entre le monde industriel et le monde académique. Du côté des agences européennes (EMEA : European Medicines Agency, www.emea.europa.eu),

une directive soumet ces essais à des exigences très strictes (en particulier pour l'adaptation du critère de jugement principal).
Un exemple actuel est l'essai I-SPY 2, phase II adaptative, mené aux États-Unis dans le cancer du sein avancé, avec information du design de l'étude et possible inclusion sur un site dédié aux patients (www.ispy2.org). Cet essai permet d'adapter le design de l'étude au cours du temps, en particulier à partir des résultats des biopsies faites au cours du traitement de la patiente.

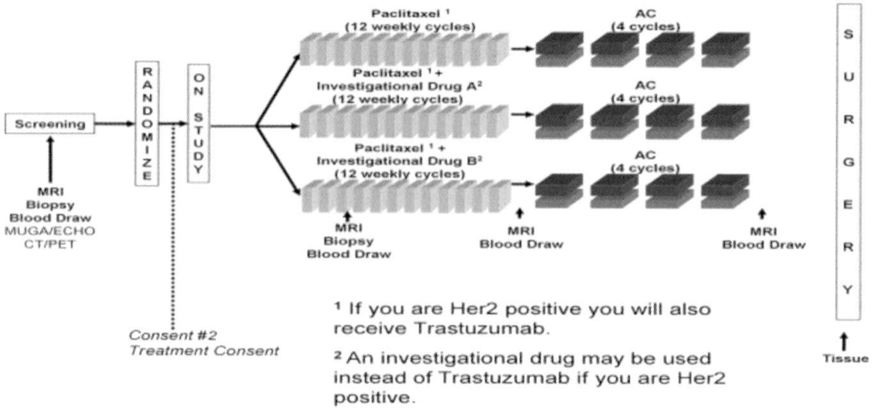

Fig. 2 – Essai I-SPY 2.

Conclusion

La médecine basée sur les preuves ou *evidence-based medicine* ou « médecine factuelle » est fondée sur des essais cliniques ou des publications. Ces preuves proviennent d'études cliniques systématiques telles que des essais contrôlés randomisés en double aveugle, de méta-analyses. En l'absence d'études, les recommandations sont fondées sur un accord professionnel. Ces niveaux de preuves sont mal adaptés aux tests diagnostiques en cancérologie et c'est pour cela qu'il faut utiliser des grilles spécifiques telles que décrites précédemment pour évaluer correctement les données concernant les biomarqueurs.

Références

1. Weitzel JN, Blazer KR, Macdonald DJ, *et al.* (2011) Genetics, genomics, and cancer risk assessment: State of the Art and Future Directions in the Era of Personalized Medicine CA Cancer J Clin 61: 327-59
2. Food and Drug Administration. Innovation or Stagnation: Challenges and Opportunity on the Critical Path to New Medical Products (2004); http://www.fda.gov/oc/initiatives/criticalpath/whitepaper.html

3. Sturgeon CM, Hoffman BR, Chan DW, *et al.* (2008) National Academy of Clinical Biochemistry Laboratory Medicine Practice Guidelines for use of tumor markers in clinical practice: quality requirements. Clin Chem 54(8): e1-e10
4. Altman DG, McShane LM, Sauerbrei W, Taube SE (2012) Reporting recommendations for tumor marker prognostic studies (REMARK): explanation and elaboration. BMC Medicine 29(10):51
5. Hayes DF, Bast RC, Desch CE, *et al.* (1996) Tumor marker utility grading system: a framework to evaluate clinical utility of tumor markers. JNCI 88(20): 1456-66
6. Hayes DF, Trock B, Harris AL (1998) Assessing the clinical impact of prognostic factors: when is "statistically significant" clinically useful? Breast Cancer Res Treat 52(1-3): 305-19
7. Simon R, Paik S, Hayes D (2009) Use of archieved specimens in evaluation of prognostic and predictive biomarkers. J Natl Cancer Inst 101(21): 1446-52
8. Luporsi E, Bellocq JP, Barrière J (2014) uPA/PAI-1, Oncotype DX™, MammaPrint® Valeurs pronostique et prédictive pour une utilité clinique dans la prise en charge du cancer du sein. Oncologie 16(4) : 196-20
9. Teutsch SM, Bradley LA, Palomaki GE, *et al.* (2009) The Evaluation of Genomic Applications in Practice and Prevention (EGAPP) Initiative: methods of the EGAPP Working Group. Genet Med 11(1): 3-14
10. Kellof HJ, Sigman CC (2012) Cancer biomarkers: selecting the right drug for the right patient. Nat Rev Drug Discov 11: 201-14
11. Azim HA, Michirls S, Zagouri F, *et al.* (2013) Utility of prognostic genomic tests in breast cancer practice: The IMPAKT 2012 Working Group Consensus Statement. Ann Oncol 24(3): 647-54
12. Beckman RA, Clark J, Chen C (2011) Integrating predictive biomarkers and classifiers into oncology clinical development programmes. Nat Rev Drug Discov 10: 735-48
13. Rapport 2009 sur l'état des connaissances relatives aux biomarqueurs tissulaires uPA-PAI1, Oncotype DX et MammaPrint dans la prise en charge du cancer du sein. Institut National du Cancer 2009 (en cours d'actualisation 2013)

Biomarqueurs, recherche translationnelle et essais cliniques précoces

3

M. Robert, M. Campone, J.-S. Frenel

Introduction

Depuis la fin du xxe siècle, des progrès considérables ont été réalisés dans le domaine du traitement médical des cancers. Les années 2000 ont connu le développement d'environ 800 agents anticancéreux (cytotoxiques, inhibiteur de tyrosine kinase, anticorps monoclonaux…) soit une croissance de 143 % en un peu plus de dix ans. Cela a été possible grâce à l'identification de nouvelles cibles thérapeutiques. Cependant, seule une molécule sur vingt franchira toutes les étapes du développement [1], de la phase I à la phase III (fig. 1).

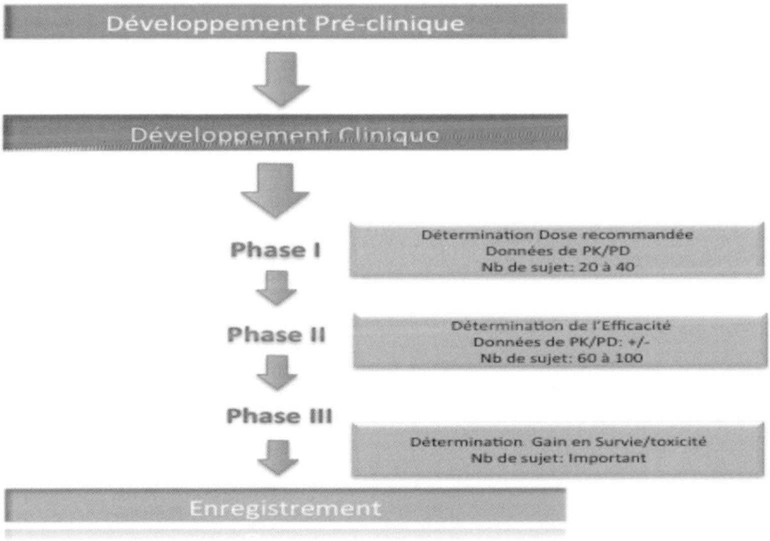

Fig. 1 – Étapes de développement d'un agent en oncologie.

M. Robert, M. Campone, J.-S. Frenel (✉) Centre René Gauducheau, Institut de cancérologie de l'Ouest, boulevard Jacques-Monod, 44805 Saint-Herblain, Nantes Cedex – E-mail : jean-sebastien.frenel@ico.unicancer.fr

Sous la direction de Jean-Louis Merlin, *Les biomarqueurs moléculaires en oncologie*
ISBN : 978-2-8178-0444-6,

Parallèlement, le développement de ces nouveaux agents induit un coût financier considérable. On considère que sur les dix dernières années, ce coût a augmenté de 55 % [2]. Ce paramètre financier est un paramètre important dans le développement de la médecine personnalisée, potentiellement limitant. Cette médecine personnalisée cible une « minorité », c'est-à-dire une sous-population de patientes avec un type tumoral donné présentant la cible.
Dans le cancer du sein, les thérapies ciblées regroupent l'hormonothérapie (SERM, SERD et anti-aromatases) et les thérapies anti-HER2 (trastuzumab, lapatinib, pertuzumab).
Si 70 % des patientes peuvent bénéficier d'une thérapie anti-œstrogénique (tumeurs avec récepteurs hormonaux positifs) et 15 % d'une thérapie anti-HER2 (pour celles surexprimant l'oncogène HER2), pour d'autres thérapies comme les FGF inhibiteurs par exemple, seulement 5 % des patientes présentent la cible et sont donc potentiellement éligibles pour cette thérapeutique [3].
Les recherches précliniques et cliniques nécessitent donc des moyens financiers importants pour le développement de nouvelles thérapies ciblées.
L'identification d'une cible conduira au développement d'une molécule spécifique de la cible. Il sera ensuite nécessaire de confirmer qu'une action sur la cible produit une réponse thérapeutique (fig. 2). Dans le cancer du sein, seules sont validées l'hormonothérapie pour les récepteurs hormonaux et les thérapies anti-HER2 en cas de surexpression HER2.

- **Identifier la cible :**
  - Spécificité :
  - valeur pronostique
  - Outils :
    - CGH array
    - ARNm : Transcriptomique
    - Protéine : Protéomique,
    - Tissu Micro Array,
    - ELISA
- **Validation de la cible :**
  - Tests de fonctionnalités

Fig. 2 – Identification et validation d'une cible thérapeutique.

Le développement idéal d'un nouvel agent thérapeutique passe dans un premier temps par l'identification d'une cible qui doit être un facteur pronostique et être impliquée dans la carcinogenèse.
Dans ce contexte complexe, nous allons détailler les modalités de la première étape du développement en clinique de la phase I.

Études cliniques de phase I en oncologie des traitements cytotoxiques

Les études de phase I sont l'étape initiale nécessaire de toute nouvelle molécule en développement.
L'étude de phase I intervient après des études précliniques qui définissent le profil (pharmacocinétique, pharmacodynamie, toxicité et efficacité) du médicament sur des modèles animaux (murins, singes, chiens).
Le premier niveau de dose administré chez l'Homme est défini par les études chez les rongeurs. Il correspond au dixième de la dose DL10, dose qui entraîne la mort de 10 % des animaux testés.

Objectifs

L'objectif principal de la phase I est de définir la dose recommandée (RD) pour la phase II. La RD est calculée à partir de la dose maximale tolérée (DMT) grâce au recueil de l'ensemble des toxicités rencontrées pour chaque patient et, plus particulièrement, en définissant les doses limitantes toxiques (DLT). La fenêtre thérapeutique de chaque agent est donc proche de la toxicité (fig. 1). La distinction entre dose efficacité et toxicité est ténue. La méthode statistique de « Fibonacci modifié » est celle le plus fréquemment utilisée (fig. 3).
Pour chaque palier de dose, sont définies les données de pharmacocinétique et la corrélation entre la toxicité et le palier de dose, mais également entre l'efficacité et le palier de dose étudié.
Ces études sont faites chez des malades volontaires et non chez des volontaires sains.

Limites de cette méthode

Ces études de phase I présentent plusieurs inconvénients : le risque de sous-traiter les patients lorsque l'escalade de dose est lente ou celui d'exposer les patients à des doses trop toxiques lorsqu'elle est rapide (figs. 4 et 5). De plus, ces méthodes ne sont pas adaptées à l'étude des toxicités chroniques, notamment, celles des agents oraux. De nouvelles méthodes ont été développées dans le but d'étudier l'ensemble de ces paramètres. Cependant, elles ne semblent pas très adaptées pour l'étude des thérapies ciblées.

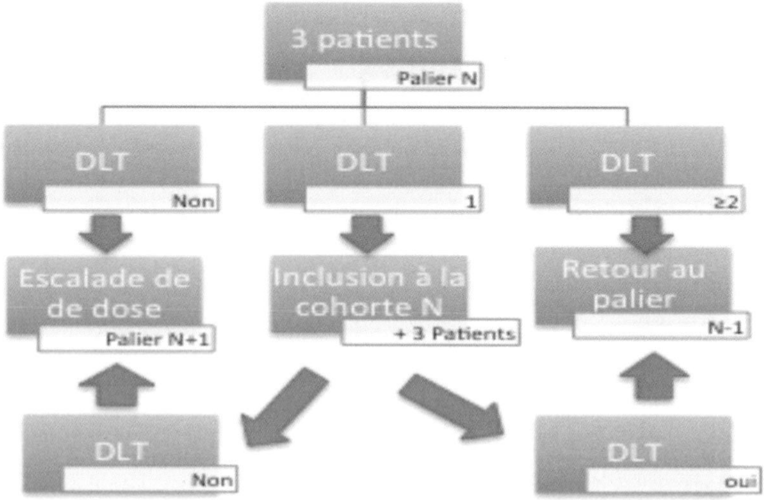

Fig. 3 – À chaque palier de dose, trois patients (six au maximum) sont inclus. En l'absence d'observation de DLT, le passage au niveau de dose supérieure est alors possible. Dans le cas contraire, la cohorte est alors étendue à six patients. Si, durant la partie I du traitement, aucune DLT n'est observée sur les trois patients de la cohorte, alors trois autres patients peuvent être inclus au palier suivant.
- Si une DLT est observée sur ces trois nouveaux patients, trois autres patients doivent être inclus à ce même palier.
- Si aucune DLT n'est mise en évidence sur les six patients, l'escalade de dose au palier suivant est possible.
- En cas d'observation de deux DLT ou plus parmi les six patients, ce palier de dose est alors considéré comme la DMT. Trois nouveaux patients devront être inclus au palier inférieur.
- Si, parmi les trois patients de cette cohorte, sont observées deux DLT, trois nouveaux patients devront être inclus au palier inférieur.

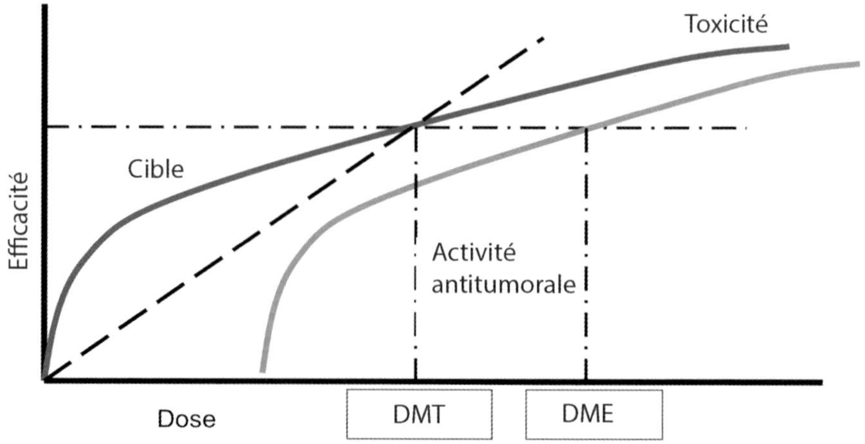

Fig. 4 – Courbes : reflet des effets sur la cible moléculaire, sur la tumeur et la toxicité, en fonction de la dose pour un agent cytotoxique.
DME : dose minimale efficace.

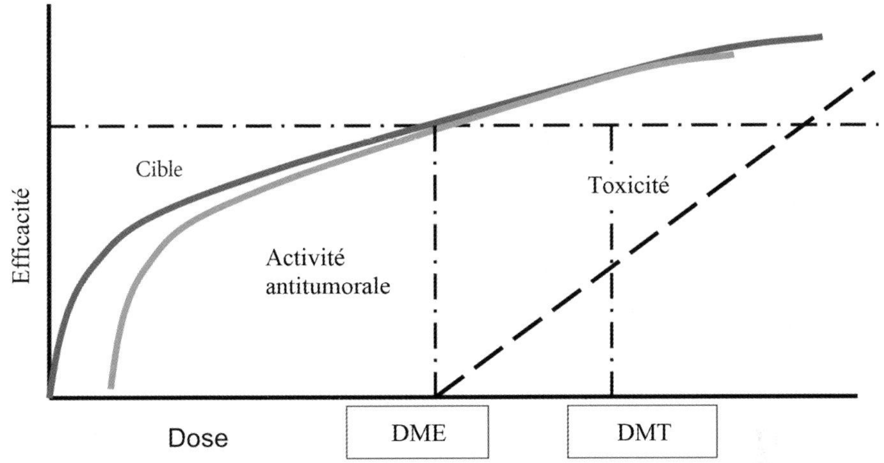

Fig. 5 – Courbes : reflet des effets sur la cible moléculaire, sur la tumeur et la toxicité, en fonction de la dose pour un agent biologique.

Problématique du développement des agents non cytotoxiques dirigés contre les cibles moléculaires

Ces nouveaux agents ne peuvent être développés de manière identique aux agents cytotoxiques [4]. En effet, pour ces agents, il n'y a pas toujours de corrélation entre efficacité et toxicité. Selon leur cible moléculaire, ils agiront sur l'inhibition de la prolifération, de l'invasion, de l'angiogenèse, sur le stress oxydatif ou métabolique ou sur la survie cellulaire. Ainsi, il n'apparaît plus pertinent de définir la RD en fonction de leur activité biologique (figs. 2 et 3). Le concept de dose optimale biologique (DOB) semble plus adapté.

Dans la très grande majorité, les études de phases I conduites avec des agents biologiques ne prennent pas en considération la cible critère d'inclusion. Il convient donc de définir de nouveaux paramètres d'efficacité, ainsi que des modèles précliniques pertinents. Trois paramètres sont à prendre en compte :

- – la mesure de l'inhibition de la cible ;
- – la concentration plasmatique de l'agent provoquant une activité biologique (paramètres de pharmacodynamie) ;
- – la définition de marqueurs d'activité biologique sur le tissu sain.

Avec la médecine personnalisée, il semble indispensable de pouvoir étudier l'activité d'un agent biologique par rapport à sa cible. Cela est possible, par exemple, en enrichissant la cohorte d'une population qui présente l'anomalie moléculaire ou en réalisant une étude de phase I dédiée à la cible moléculaire.

Nous citerons, pour illustrer nos propos, deux études.
La première étude est rapportée par Von Hoff. Cette étude porte sur un inhibiteur de la voie Hedgehog chez des patients présentant un carcinome basocellulaire en poursuite évolutive [5]. Cet inhibiteur (GDC-0449) se lie à Smoothened (SMO). Les carcinomes basocellulaires (CBC) sont associés aux mutations des gènes *PTCH1* et *SMO*. Cette étude a inclus 33 patients présentant des CBC localement avancés, métastatiques et avec les mutations des gènes décrites précédemment. Ils rapportent un taux de réponse objective de 55 % (18 patients). Les résultats de cette étude ont été confirmés par une étude de phase II.
Le deuxième exemple est celui d'un inhibiteur sélectif d'une protéine de fusion entre c-Met et une tyrosine kinase (*kinase lymphome anaplasic* (ALK)). Cette protéine intervient dans la progression tumorale. Une mutation de la protéine « *microtubule associated protein-like 4* » (EML4) du gène *ALK* ou translocation EML4-ALK a été identifiée dans un sous-groupe de patients atteints de cancer broncho-pulmonaire non à petites cellules (CBPNPC). Cette mutation est retrouvée dans 2 à 7 % des CBPNPC, essentiellement dans le cadre des adénocarcinomes (incidence : 10 à 20 %).
L'étude de phase I étudiant le PF02341066 (crizotinib) a été initialement réalisée sans tenir compte du type histologique ou du statut mutationnel de c-Met ou ALK. Peu de temps après la découverte d'EML4-ALK dans les CBPNPC, deux patients avec mutation ALK inclus dans cette étude ont eu une excellente réponse au crizotinib. Basée sur cette observation, l'étude a été élargie aux patients présentant une mutation ALK ou c-Met. L'étude de Kwak *et al.* a inclus 10 patients atteints de CBPNPC avec réarrangements EML4-ALK ou mutations ALK [6]. Pour un patient, la réponse était partielle, pour quatre, il existait une stabilité de la maladie et pour deux d'entre eux, la réponse partielle n'a pu être confirmée.
Grâce à l'identification de la cible, on assiste à une accélération du développement clinique. En 2006, dans le cadre de l'étude de phase I, a été administrée la première dose du PF02341066. En 2009, a débuté l'étude de phase III d'enregistrement dans cette population et, en 2012, le médicament a obtenu son AMM.
Nous venons de voir que le taux de réponse peut être amélioré par la sélection des patients en fonction de leur profil moléculaire.

Comment définir au mieux une activité biologique ? La dose optimale biologique ?

En 2006, le NCI a admis l'intérêt de réaliser des études de phase 0 pour prouver que ces agents sont dirigés contre une anomalie moléculaire spécifique. En pratique, elles cherchent à définir les données de pharmacodynamie

pour un agent donné sur une population de faible effectif (10 à 15 patients) exposée à la substance sur une courte période (7 jours ou moins). Il est ainsi possible de sélectionner la population qui profitera le plus de ce nouvel agent thérapeutique [7].
Ces études de phase 0 permettent ainsi de décider si le développement de tel ou tel agent décisionnel doit être interrompu ou au contraire poursuivi. Le modèle utilisé dans ces études est, en outre, plus pertinent.
De cette manière, sont confirmés les mécanismes d'action, les données de la pharmacologie, de la biodisponibilité et de la pharmacodynamie.
En l'absence d'activité biologique, le développement de l'agent thérapeutique est stoppé.
Une étude de phase 0 ne remplace pas une étude de phase I.
La première étude de phase 0 a été conduite avec l'ABT-888, PARP inhibiteur [8].
L'ABT-888 est un inhibiteur d'une enzyme impliquée dans la réparation de l'ADN, la poly (ADP ribose) polymérase (PARP).
Dans cette étude, l'ABT-888 a été administré en dose unique par voie orale. L'objectif de cette étude était de déterminer la dose à partir de laquelle l'ABT-888 pouvait inhiber l'activité PARP dans la tumeur et dans les cellules mononucléées du sang périphérique, et les paramètres de pharmacocinétique.
Les données de pharmacodynamie, de pharmacocinétique et la confirmation de l'action moléculaire de cet agent ont été obtenues en cinq mois. Selon Kummars *et al.*, il existe une corrélation étroite entre le niveau d'inhibition de PARP dans la tumeur et dans le sang périphérique permettant de disposer d'un test fonctionnel d'activité.
D'autres tests fonctionnels, et notamment l'imagerie fonctionnelle, sont actuellement en cours d'évaluation.
La plupart du temps, les agents non cytotoxiques n'induisent pas de modification de la taille tumorale ; le plus souvent, on assiste à une stabilisation prolongée. Les critères RECIST classiquement utilisés pour les agents cytotoxiques ne sont donc pas adaptés à l'évaluation de ces nouveaux agents.
L'imagerie moléculaire permet d'étudier l'efficacité de la réponse à une thérapie ciblée et de prédire la réponse tumorale en mettant en évidence ou non la cible. La tomographie par émission de positons permet ainsi d'établir la cartographie en utilisant différents traceurs (^{18}F-FES pour les récepteurs hormonaux dans le cancer du sein, ^{18}F- PEG6-IPQA pour le récepteur à l'EGF) [9].
L'étude de Jayson *et al.* constitue à ce titre un bon exemple [10]. Cette étude de phase I avait pour objectif de déterminer la RD de l'anticorps anti-VEGF, HuMV833. Vingt patients ont été inclus et ont reçu des doses croissantes. Afin d'étudier sa distribution et sa clairance au niveau tumoral pour évaluer la perméabilité vasculaire, une TEP au ^{124}I-HuMV833 a été réalisée pour chaque patient. Il en ressort qu'il existe une hétérogénéité inter- et intra-patient, tant au niveau de la distribution qu'au niveau de la clairance de l'anticorps. Les résultats rapportés sont similaires pour le coefficient de perméabilité.

Conclusion

À l'ère de la médecine personnalisée, la conception d'un nouvel agent non cytotoxique ne peut donc être similaire à celle d'un agent cytotoxique. Il est nécessaire d'identifier la cible et sa pertinence, et de posséder un test qui permettrait de prédire la réponse tumorale à cet agent.

Références

1. Pharmaceutical Research and Manufacturers of America (phRMA). Medecines in developpement for cancer. http://www.phrma.org
2. US Departement of Health and Human Services Food and Drug Administration. Innovation or stagnation: challenges and opportunity on the critical path to new medical products. US Department of Health and Human Services; 20047; http://www.fda.gov/oc/initiatives/criticalpath/withepaper.html
3. Andre F, Job B, Dessen P, *et al.* (2009) Molecular characterization of breast cancer with high-resolution oligonucleotide comparative genomic hybridization array. Clin Cancer Res 15: 441-51
4. Korn EL (2004) Nontoxicity endpoints in phase I trial designs for targeted, non-cytotoxic agents. J Natl Cancer Inst 96, 977-78
5. Von Hoff DD, LoRusso PM, Rudin CM, *et al.* (2009) Inhibition of the hedgehog pathway in advanced basal-cell carcinoma. New Engl J Med 361: 1164-72
6. Kwak E, Cadmige D, Clark J. Clinical activity observed in a phase I dose escalation trial of an oral c-met and ALK inhibitor, PF-02341066 -- Kwak *et al.* 27(15): 3509 -- ASCO Meeting Abstracts, http://meeting.ascopubs.org/cgi/content/abstract/27/15S/3509
7. Kinders R, Parchment RE, Ji J, *et al.* (2007) Phase 0 clinical trials in cancer drug development: from FDA guidance to clinical practice. Mol Interv 7(6): 325-34
8. Kummar S, Kinders R, Gutierrez ME, *et al.* (2009) Phase 0 clinical trial of the poly (ADP-ribose) polymerase inhibitor ABT-888 in patients with advanced malignancies, J Clin Oncol 27: 2705-11
9. Wistuba II, Gelovani JG, Jacoby JJ, *et al.* (2011) Methodological and practical challenges for personalized cancer therapies. Nat Rev Clin Oncol 8(3): 135-41
10. Jayson GC, Zweit J, Jackson A, *et al.* (2002) Molecular imaging and biological evaluation of HuMV833 anti-VEGF antibody: implications for trial design of antiangiogenic antibodies. J Natl Cancer Inst 94(19): 1484-93

2. Génétique tumorale, diagnostic moléculaire et thérapies ciblées

Diagnostic moléculaire des tumeurs solides

4

G. Manceau, P. Laurent-Puig

Introduction

Ces dernières années ont vu un changement radical dans le diagnostic et le traitement d'un nombre important de tumeurs solides. Ces améliorations dans la prise en charge des patients atteints de cancer sont dues en grande partie aux progrès de la biologie moléculaire et de la génétique qui ont permis des avancés dans plusieurs domaines.

L'un d'eux a été l'affinement de la classification des tumeurs, en mettant en évidence que l'apparente homogénéité anatomopathologique des différents types histologiques tumoraux cachait en réalité une forte hétérogénéité moléculaire. De nouvelles signatures moléculaires ont ainsi été publiées et certaines se sont focalisées sur le pronostic des patients. Ces biomarqueurs pronostiques sont venus ou viendront bientôt compléter les classifications histopronostiques déjà existantes et les nomenclatures utilisées en pratique oncologique courante. De même, la caractérisation des principales voies de signalisation impliquées dans la carcinogenèse et des altérations génétiques les plus fréquentes (mutations germinales et somatiques, réarrangements de type *copy number variants*, amplifications, translocations, modifications de l'expression génique) au sein des cellules tumorales ont permis de développer de nouvelles approches thérapeutiques avec la mise au point de molécules dirigées contre des cibles moléculaires particulières. Ces thérapies ciblées ont pour but d'interférer de façon spécifique avec une voie de signalisation intracellulaire anormalement activée ou un processus biologique favorisant la croissance et la dissémination tumorale, afin de les bloquer. Elles ont élargi l'arsenal des chimiothérapies disponibles et ont donné de nouveaux espoirs dans le traitement de tumeurs jugées jusqu'à présent de très mauvais pronostic.

G. Manceau, P. Laurent-Puig (✉) Unité de biochimie générale, Hôpital européen Georges Pompidou, 20, rue Leblanc – 75908 Paris Cedex – E-mail : pierre.laurent-puig@parisdescartes.fr

Sous la direction de Jean-Louis Merlin, *Les biomarqueurs moléculaires en oncologie*
ISBN : 978-2-8178-0444-6, © Springer-Verlag Paris, 2014

Puisqu'il est difficile de résumer l'ensemble de ces récentes découvertes, nous nous focaliserons dans ce chapitre sur certaines tumeurs solides que sont le cancer colorectal (CCR), les cancers broncho-pulmonaires non à petites cellules (CBNPC) et le mélanome.

Cancer colorectal

Nosologie moléculaire des cancers colorectaux

Le CCR représente 50 % des cancers de l'appareil digestif et 10-15 % de l'ensemble des cancers. En Europe, en 2008, son incidence était de 435 600 nouveaux cas, en première position devant les cancers du sein, les cancers broncho-pulmonaires et de la prostate. Le nombre de décès était quant à lui de 212 100, constituant la deuxième cause de mortalité par cancer après les cancers du poumon [1]. Au niveau histologique, les CCR constituent un groupe homogène de tumeurs avec plus de 90 % d'adénocarcinomes qui, pour la plupart, sont issus d'un polype adénomateux préexistant.

Initialement, les CCR étaient caractérisés par deux phénotypes différents correspondant à des mécanismes moléculaires différents de carcinogenèse : les tumeurs présentant une instabilité chromosomique (ou phénotype LOH+, pour *Loss of heterozygosity*) se traduisant par des tumeurs aneuploïdes, et les tumeurs présentant une instabilité génétique (ou phénotype MSI+ pour *Microsatellite instability* ou RER+ pour *Replication error*) liée à un défaut de réparation des mésappariements de l'ADN. Environ 80-85 % des CCR sporadiques sont de phénotype LOH+. Ce phénotype est susceptible de se produire suite à des dysfonctionnements dans un certain nombre de processus, tels que l'inactivation de protéines qui régulent le point de contrôle du fuseau mitotique, l'inactivation de gènes de réparation de l'ADN de type BER (pour *Base excision repair*) dont fait partie *MYH* qui est à l'origine d'une forme de polypose adénomateuse autosomique récessive, un nombre anormal de centrosomes et l'érosion télomérique. Les tumeurs se distinguent par des pertes de fragments chromosomiques contenant des gènes suppresseurs de tumeur. Ainsi on observe des pertes alléliques des chromosomes 5q (comprenant le gène *APC*), 17p (comprenant le gène *TP53*), 18q (comprenant les gènes *DCC*, *Smad2* et *Smad4*) et plus rarement 1p, 8p et 22q. Les tumeurs avec instabilité chromosomique possèdent également des mutations fréquentes de l'oncogène *KRAS* et des gènes *TP53* et *APC*, ce qui conduit à une activation bi-allélique de ces deux gènes suppresseurs de tumeur.

Les tumeurs MSI+ représentent 15 % des CCR sporadiques. Elles surviennent en cas de perte de fonction d'un des gènes du système MMR, soit par mutation germinale de *MLH1*, *MSH2*, *MSH6* ou *PMS2* en cas de syndrome de Lynch, soit par hyperméthylation de la région promotrice du gène *MLH1* en cas de tumeur sporadique. Elles sont diploïdes avec peu ou pas de pertes alléliques [2]. Les mutations des gènes *TP53* et *APC* sont rares. La mutation V600E de *BRAF* est présente chez 70 % des tumeurs MSI+ sporadiques mais complètement absente en cas de syndrome de Lynch. La mauvaise correction par le système MMR des erreurs produites par l'ADN polymérase au cours de la réplication se retrouve essentiellement au sein des microsatellites qui sont des séquences nucléotidiques hautement répétitives (telles que A_n ou CA_n) réparties uniformément sur l'ensemble du génome, entraînant un allongement ou un raccourcissement de leur longueur. Certaines de ces séquences répétitives sont présentes dans les exons de gènes impliqués dans des voies de contrôle du cycle cellulaire, dans l'inhibition de la prolifération, dans l'apoptose et codant pour des facteurs de transcription : *TGFβR2, IGF2R, PTEN, E2F4, BAX, CASP5, CDX2, TCF4, ACVR2* et également *MSH3* et *MSH6*, ce qui ne fait qu'accélérer l'accumulation de mutations. Le dysfonctionnement du système MMR provoque alors un décalage du cadre de lecture et une protéine tronquée, inactive.

Plus récemment, en plus de ces deux formes prédominantes, un troisième phénotype a été individualisé chez environ 20 % des CCR, avec des tumeurs caractérisées par une hyperméthylation de l'ADN au niveau des îlots CpG de la région promotrice des gènes ou phénotype CIMP+ (pour *CpG island methylation phenotype*) [3]. Les îlots CpG qui sont des régions riches en dinucléotides CpG sont présents dans la région 5' d'environ 60 % des gènes et normalement maintenus dans un état peu méthylé. Ce phénomène épigénétique, provoqué par l'action des ADN méthyltransférases qui catalysent le transfert d'un groupe méthyle (-CH3) de la S-adénosylméthionine sur des résidus cytosines en position C5, entraîne une désacétylation des histones, une condensation de la chromatine et au final une extinction transcriptionnelle en empêchant l'accès des facteurs transcriptionnels à l'ADN compacté. Plusieurs gènes suppresseurs de tumeur peuvent être ainsi inactivés, comme *MGMT, CDKN2A/p16*^{INKa}, *CDKN2A/p14*^{ARF}, *RUNX3, TIMP3, NEUROG1, SOCS1, HLTF* et *PRDM2*, impliqués dans l'apoptose, l'adhésion cellulaire, le cycle cellulaire, la réparation de l'ADN, la transduction du signal et la structure de la chromatine. La fréquence de ce phénotype varie en fonction des études du fait de l'absence de panel standard pour considérer une tumeur comme ayant un phénotype méthylateur. Par ailleurs, la séparation entre ces trois phénotypes n'est pas totale et les tumeurs présentent en pratique un double phénotype. En particulier, certaines ont un phénotype MSI+/CIMP+ en cas d'hyperméthylation du gène *MLH1* [4] et les tumeurs survenant dans le cadre d'un syndrome de Lynch sont de phénotype MSI+/CIMP–. De la même manière, les tumeurs LOH+ et MSI+ ne sont pas mutuellement exclusives et les tumeurs MSI+ sporadiques présentent un certain degré d'instabilité chromosomique [2].

Dans le but d'améliorer cette classification « historique » des CCR, une étude a caractérisé 97 tumeurs en analysant et en combinant certaines particularités génétiques (statut mutationnel de *KRAS, BRAF, TP53,* statut MSI+) et épigénétiques (phénotype méthylateur CIMP+) [5]. Avec une approche dite non supervisée (un clustering hiérarchique), qui consistait à classer les tumeurs en fonction de leur profil de méthylation. Les auteurs ont identifié trois groupes moléculaires distincts de tumeurs qui recouvrent largement les trois phénotypes précédemment décris : un groupe correspondant fortement aux tumeurs CIMP– et des tumeurs CIMP+ réparties en deux sous-groupes CIMP1 et CIMP2. Les tumeurs CIMP– avaient un taux élevé de mutation *TP53* (71 %) et *KRAS* (33 %), peu de mutations *BRAF* (2 %) et peu de phénotype MSI+ (12 %). Les tumeurs CIMP1 présentaient un fort taux de mutations *BRAF* (53 %) et de phénotype MSI+ (80 %) et peu de mutations *KRAS* (16 %) ou *TP53* (11 %). À l'inverse, les tumeurs CIMP2 étaient associées à plus de mutations *KRAS* (92 %) et *TP53* (31 %), à moins de mutations *BRAF* (4 %) et à l'absence de phénotype MSI+. Par l'utilisation de K-means qui affecte chaque échantillon à un cluster, les trois centroïdes répartissaient les tumeurs de façon globalement homogène, avec 39 % des tumeurs comprises dans le groupe CIMP–, 23 % dans le groupe CIMP1 et 38 % dans le groupe CIMP2. Avec l'utilisation du coefficient kappa, le meilleur marqueur pour prédire le groupe CIMP1 était la méthylation du gène *MLH1* (κ = 0,91), mais également le statut MSI+ (κ = 0,82) et les mutations de *BRAF* (κ = 0,6), tandis que les mutations de *KRAS* correspondaient plutôt au groupe CIMP2 (κ = 0 ,85) et les mutations de *TP53* au groupe CIMP– (κ = 0,7).

Classifications moléculaires pronostiques des cancers colorectaux

Certaines caractéristiques moléculaires ou génétiques ont été étudiées pour savoir si leur présence était associée au pronostic des patients. Au niveau phénotypique, les tumeurs MSI+ ont spontanément un meilleur pronostic par rapport aux tumeurs MSI–. Elles présentent significativement moins de récidive tumorale et sont associées à une meilleure survie globale (SG) [6, 7]. À l'inverse, les tumeurs LOH+ et les tumeurs MSS/CIMP+ semblent être associées à un plus mauvais pronostic [8, 9].

Au niveau génétique, les mutations du gène *BRAF* sont un biomarqueur de mauvais pronostic, en particulier pour les tumeurs MSI–, et pour les tumeurs de stade III et IV selon la classification de l'UICC/AJCC [7, 10-12]. Avec une approche pangénomique, une étude de 688 échantillons issus de cancers du côlon de stade II ou III a rapporté une signature génétique associée à la mutation V600E de *BRAF* avec validation de celle-ci sur trois séries indépendantes [13]. Elle comprenait 64 gènes et avait une sensibilité de 96 % et une spécificité de 86 % pour détecter les tumeurs mutées pour ce gène. Lorsque cette signature était appliquée aux tumeurs mutées *KRAS* et aux tumeurs non mutées *BRAF* et *KRAS*, 30 % (76 sur 257) et 13 % (46 sur 345) de ces tumeurs respectivement présentaient un profil d'expression similaire aux tumeurs mutées *BRAF*. Elles étaient associées à une SG et une survie après récidive significativement inférieures par rapport aux tumeurs non mutées *BRAF* d'après la signature génétique (HR = 1,67, IC 95 % : 1,25-2,25, p = 0,0005 et HR = 2,85, IC 95 % : 2,06-3,95, p < 0,001 respectivement). Le mauvais pronostic des tumeurs mutées *BRAF* est ainsi partagé par un sous-groupe de tumeurs non mutées pour ce gène.

De la même manière, des travaux ont essayé d'identifier des signatures moléculaires permettant de distinguer les tumeurs de bon et de mauvais pronostic au sein des CCR de stade II et/ou III, et d'aider ainsi pour la décision d'une chimiothérapie adjuvante. Parmi celles-ci, on peut citer les signatures Oncotype DX® et Coloprint® [14, 15]. Une approche supervisée a été utilisée pour la signature Oncotype DX® avec l'étude de 1 851 échantillons issus de paraffine et provenant de cancers du côlon de stade II ou III [14]. Après analyse par *Reverse-Transcriptase Polymerase Chain Reaction* quantitative de l'expression de 375 gènes candidats, les auteurs ont sélectionné au final 7 gènes associés de façon significative à la survie sans récidive et comprenant des gènes du stroma (*BGN*, *FAP*, *INHBA*), des gènes du cycle cellulaire (*Ki-67*, *C-MYC*, *MYBL2*) et *GADD45B*. Un algorithme comprenant ces 7 gènes associés à 5 gènes de référence (*ATP5E*, *GPX1*, *PGK1*, *UBB* et *VDAC2*) permettait de classer 632 tumeurs de stade II traitées par chirurgie seule en trois groupes distincts pour le risque de récidive à trois ans : faible risque, risque intermédiaire et risque élevé, avec des taux de récidive de 8 %, 11 % et 25 % respectivement. Cette signature a depuis été validée dans plusieurs séries indépendantes de cancer du côlon de stade II mais aussi de stade III, confirmant ainsi la valeur pronostique de ce score, et ceci indépendamment du stade T, du stade N et du statut MSI+ [16, 17].
La signature Coloprint® a utilisé une approche non supervisée avec une cohorte d'apprentissage de 188 CCR de stade I-IV caractérisés pour leur statut MSI+ et leur statut mutationnel *KRAS*, *PIK3CA* et *BRAF* [15]. Avec l'utilisation d'une puce de type oligonucléotide et après clustering hiérarchique en trois sous-groupes, les auteurs ont utilisé le sous-groupe présentant une survie sans récidive à distance intermédiaire pour mettre au point la signature pronostique. Elle comportait 18 gènes : *MCTP1*, *LAMA3*, *CTSC*, *PYROXD1*, *EDEM1*, *IL2RB*, *ZNF697*, *SLC6A11*, *IL2RA*, *CYFIP2*, *PIM3*, *LIF*, *PLIN3*, *HSD3B1*, *ZBED4*, *PPARA*, *THNSL2* et *CA438802*. Cette signature a été appliquée à 114 CCR de stade II. Dans cette cohorte de validation, 63,2 % des patients étaient classés dans le groupe à faible risque de développer une récidive et 36,8 % dans le groupe à fort risque, avec une survie sans récidive à 5 ans de 90,9 % et 73,9 % respectivement (p = 0,017). En analyse multivariée, la signature Coloprint® était le meilleur prédicteur pour la survie sans récidive (HR = 3,29, IC 95 % : 1,24-8,83, p = 0,018). Au total sur les deux cohortes, 90 % des tumeurs de phénotype MSI+ étaient incluses dans le groupe à faible risque, soulignant le fait que cette signature permettait bien d'identifier ce sous-groupe de tumeurs de bon pronostic.

De nouvelles pistes pour les thérapies ciblées

Plusieurs thérapies ciblées ont montré leur efficacité dans le CCR et sont utilisées chez des patients présentant une maladie métastatique non opérable au moment du diagnostic. Il s'agit d'anticorps dirigés contre le *Vascular endothelial growth factor* (VEGF) (avec le bévacizumab/Avastin®) et le domaine

extracellulaire de l'*Epidermal growth factor receptor* (EGFR) (avec le cétuximab/Erbitux® et le panitumumab/Vectibix®) [18-20].
Les progrès dans la compréhension des mécanismes impliqués dans la carcinogenèse colorectale ont permis le développement d'autres molécules dont certaines font déjà l'objet d'essais cliniques. Parmi celles-ci, on peut citer les inhibiteurs des histones désacétylases avec le vorinostat utilisé comme radiosensibilisant dans le cancer du rectum [21].
Par ailleurs, le regorafenib est un inhibiteur de kinases multiples oral ayant des ressemblances avec le sorafénib/Nexavar®. Il a une action anti-angiogénique et antiproliférative en ciblant des récepteurs tyrosine kinase angiogéniques (les récepteurs 1, 2 et 3 du VEGF) ainsi que des protéines kinases stromales (KIT, PDGFR-β) et oncogéniques (RET, RAF-1, BRAF). Dans l'étude de phase III CORRECT incluant 760 patients, lors d'une analyse intermédiaire planifiée, il a montré son efficacité en situation métastatique par rapport à des soins de support en termes de SG qui était le critère principal d'évaluation (HR = 0,77, IC 95 % : 0,64-0,94, p = 0,0052) et de survie sans progression (SSP) (HR = 0,49, IC 95 % : 0,42-0,58, p < 0,000001) [22].
Enfin, le VEGF trap ou aflibercept/Zaltrap® qui est une protéine recombinante de fusion entièrement humanisée composée de la région constante de l'immunoglobuline G1 et des domaines extracellulaires de VEGFR-1 et VEGFR-2 a une forte affinité pour le VEGF-A, le VEGF-B et le PlGF (pour Placenta growth factor). Il bloque ainsi l'activité des récepteurs au VEGF et empêche l'angiogenèse. Il a une meilleure affinité pour le VEGF-A que le bévacizumab. L'étude randomisée de phase III VELOUR contrôlée contre placebo incluant 1 226 patients a évalué l'efficacité de cette thérapie ciblée associée au FOLFIRI en seconde ligne de chimiothérapie après un traitement à base d'oxaliplatine [23]. Par rapport au FOLFIRI, cette association entraînait une augmentation significative de la médiane de SG (13,50 mois vs 12,06 mois, HR = 0,817, IC 95 % : 0,713-0,937, p = 0,0032) et de SSP (6,90 mois vs 4,67 mois, HR = 0,758, IC 95 % : 0,661-0,869, p < 0,0001). Le taux de réponse objective était également significativement amélioré (19,8 % vs 11,1 %, p = 0,001). L'aflibercept a déjà reçu une autorisation de mise sur le marché (AMM) par la Food and Drug Administration (FDA) pour cette indication.

Cancers broncho-pulmonaires non à petites cellules

En Europe, en 2008, le cancer du poumon représentait la première cause de mortalité par cancer chez l'homme (255 300 décès) et la troisième cause chez la femme (86 800 décès) après le CCR et le cancer du sein [1]. Il est à l'origine de près d'un cinquième des décès par cancer. Malgré les avancées thérapeutiques, la médiane de survie n'excède pas 10 mois et la SG à 5 ans n'est que de 15 % lorsque l'on considère l'ensemble des stades. Au niveau anatomopathologique, les carcinomes broncho-pulmonaires se caractérisent par une grande hétérogénéité avec des nombreux sous-types histologiques et environ 70-75 % de formes mixtes. On en distingue deux grandes catégories avec des caractéristiques anatomiques, des risques de métastases et des modalités de traitement complètement différents : les cancers broncho-pulmonaires à petites cellules (20 % des cas) d'origine neuroendocrine et les CBNPC (80 % des cas) d'origine épithéliale qui eux-mêmes regroupent trois grands types histologiques, à savoir les carcinomes épidermoïdes, les carcinomes à grandes cellules et les adénocarcinomes dont l'incidence est en nette augmentation.

Principales altérations moléculaires des cancers broncho-pulmonaires non à petites cellules

Au niveau chromosomique, les CBNPC sont d'une manière générale associés à des pertes de 3p, 6q, 8p, 9p, 9q, 13q, 17p, 18q, 19p, 21q, 22q et à des gains de 1q, 3q, 5p, 7p et 7q, 8q, 11q et 12q (24). Dans ces différentes régions, on observe la présence de gènes clés dans la cancérogenèse bronchique, incluant pour les pertes *CDKN2A* (9p), *RB1* (13q), *TP53* (17p), *DCC, Smad2, Smad4* (18q) et *STK11/LKB1* (19q), et pour les gains *TP63* (3q), *PIK3CA* (3q), *hTERT* (5p), *C-MYC* (8q), *EGFR* (7p), *KRAS* (12p), *CCND1* (11q) et *MDM2* (12q). Une des altérations chromosomiques les plus fréquentes, observée dans environ 80 % des adénocarcinomes et des carcinomes épidermoïdes, est la perte d'allèles dans la région p14-23 du chromosome 3 incluant plusieurs gènes candidats suppresseurs de tumeur dont *FHIT*, *RASSF1* et *SEMA3B*. Ces deux types histologiques semblent présenter des profils génomiques très similaires avec cependant une différence concernant l'amplification du bras long du chromosome 3 avec la région 3q26-29 contenant *TP63* significativement associée aux carcinomes épidermoïdes [24].

Au niveau génétique, les gènes les plus fréquemment mutés dans les CBNPC sont *TP53*, *KRAS*, *STK11*, *EGFR*, *NF1*, *ATM* et *APC* avec respectivement 35 %, 32 %, 18 %, 18 %, 9 %, 7 % et 7 % de mutations [25]. Les mutations d'*EGFR* sont mutuellement exclusives de celles de *KRAS* et pratiquement exclusives de celles de *STK11*. D'une façon générale, les tumeurs mutées pour le gène *EGFR* semblent globalement posséder moins d'altérations que les autres tumeurs, laissant à penser que la mutation activatrice d'*EGFR* « suffit » à induire un processus oncogénique.

Au niveau épigénétique, les gènes les plus fréquemment méthylés ont un rôle clé dans la carcinogenèse car impliqués dans la régulation du cycle cellulaire (*DLEC1, RASSF1A, CDKN2A*), l'adhésion cellulaire (*CDH1, CDH13, TSLC1*), la réparation de l'ADN (*MLH1, MGMT*), inhibant la β-caténine (*APC*) et favorisant l'apoptose (*ASC/TMS1, DAPK, FHIT, RUNX3*) [26]. Le profil de méthylation d'une tumeur est caractéristique de son type histologique. En effet, les adénocarcinomes ont une plus forte méthylation des gènes *APC* et *CDH13,* alors que *CDKN2A/p16*^{INK4a} qui inhibe spécifiquement *CDK4* et *CDK6* de la phase G1 du cycle cellulaire est plus souvent méthylé dans les cancers épidermoïdes.

Classification moléculaire des cancers broncho-pulmonaires non à petites cellules

À côté de cette simple description des altérations, une autre approche consiste à subdiviser les CBNPC en fonction de certaines caractéristiques moléculaires et mutations survenant dans des gènes particuliers ayant un rôle crucial dans la prolifération et la survie cellulaire. Ces altérations, en activant de façon continuelle une voie oncogénique, permettent un échappement tumoral avec l'acquisition d'avantages sélectifs déterminants. Elles représentent de ce fait des cibles potentielles pour des thérapeutiques en raison de leur importance pour la viabilité des cellules tumorales (phénomène d'addiction oncogénique) (fig. 1 et tableau I) [27]. Mises à part les mutations de *PIK3CA*, l'ensemble de ces altérations sont mutuellement exclusives, ce qui suggère qu'elles ont des rôles équivalents dans la carcinogenèse pulmonaire. Elles sont plus souvent présentes dans les adénocarcinomes.

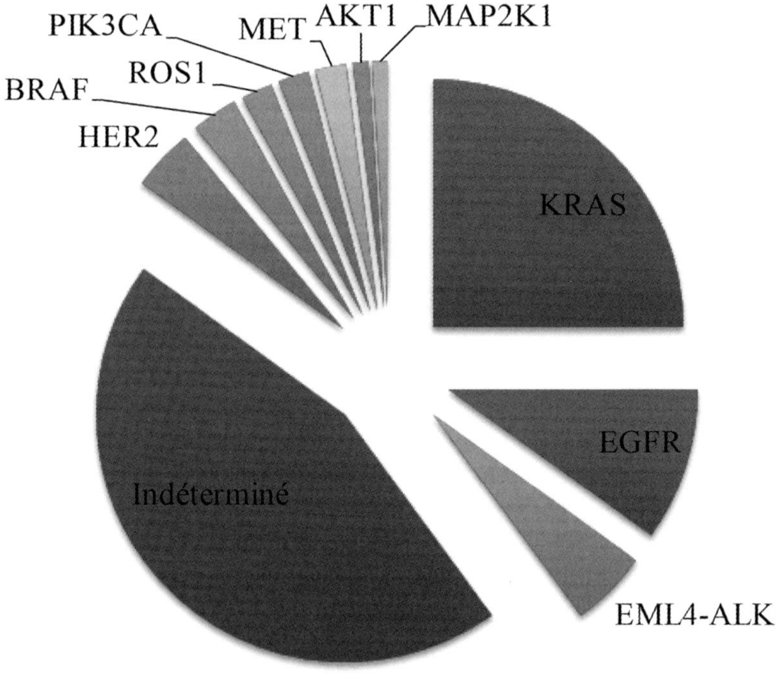

Fig. 1 – Principaux groupes moléculaires distingués au sein des cancers broncho-pulmonaires non à petites cellules.

Mutations du gène EGFR

Le gène *EGFR* localisé sur le chromosome 7 en position p12-13 code pour une glycoprotéine transmembranaire monomérique de 170 kDa qui fait partie de la superfamille des récepteurs à activité tyrosine kinase. La protéine EGFR est

Tableau I – Altérations moléculaires utilisées comme biomarqueurs prédictifs pour l'utilisation de thérapies ciblées dans les cancers broncho-pulmonaires non à petites cellules.

Biomarqueurs validés/thérapies ciblées avec AMM	Exemple de biomarqueurs potentiels
Mutations du gène *EGFR*/erlotinib (Tarceva®) Mutations du gène *EGFR*/géfitinib (Iressa®) Protéine de fusion EML4-ALK/crizotinib (Xalkori®)	Mutations du gène *KRAS* Mutations du gène *HER2* Mutations du gène *BRAF* Réarrangements de *ROS1* Mutations du gène *PIK3CA* Mutations du gène *MET* Mutations du gène *AKT1* Mutations du gène *MAP2K1*

surexprimée dans 40 % à 80 % des CBNPC et de façon plus importante dans les carcinomes épidermoïdes et bronchiolo-alvéolaires. Une amplification génique ou une polysomie équilibrée détectées par hybridation *in situ* en fluorescence (FISH) sont retrouvées chez respectivement 9 % et 13 % des patients. L'analyse moléculaire de tumeurs présentant une importante réponse aux inhibiteurs de tyrosine kinase sélectifs pour l'EGFR (erlotinib/Tarceva® et géfitinib/Iressa®) a mis en évidence des mutations somatiques activatrices présentes dans le domaine kinase de ce récepteur. Celles-ci favorisent la phosphorylation des tyrosines et activent des voies de signalisation intracellulaires en aval du récepteur, principalement la voie phosphoinositide 3-kinase (PI3K)/AKT et la voie STAT. Leur prévalence chez les patients caucasiens est d'environ 10 %. Elle est plus importante chez les sujets d'origine asiatique (50 %), chez les femmes (17 %), chez les patients non-fumeurs (40 %) et dans les adénocarcinomes (16 %). Il existe deux principaux types de mutations, qui correspondent à 85-90 % des altérations décrites : des délétions dans l'exon 19 en position 746-750, et une substitution dans l'exon 21 au niveau du codon 858 (substitution L858R). Des substitutions dans l'exon 18, dans l'exon 20 (avec la mutation faux-sens T790M), dans l'exon 21 et des insertions de 1 à 3 acides aminés dans l'exon 20 constituent les principales altérations décrites restantes. Ces mutations ont également été détectées au sein de l'épithélium normal adjacent à la tumeur, ce qui laisse supposer qu'elles surviennent précocement dans la carcinogenèse pulmonaire [28]. Les délétions dans l'exon 19 et la mutation L858R modifient la structure tertiaire du récepteur et la conformation de la poche ATP, de sorte que l'affinité pour le médicament devient supérieure à celle de l'ATP. Cette affinité élevée pour le médicament peut expliquer en partie les taux de réponse à l'erlotinib ou au géfitinib supérieurs lorsque le récepteur est muté. Les mutations de l19 apparaissent comme étant les altérations les plus favorables en termes de sensibilité. L'inhibition de ce récepteur activé provoque une mort cellulaire par apoptose de ces cellules tumorales dépendantes de la voie de l'EGFR.

À l'opposé, la mutation ponctuelle T790M diminue fortement l'affinité pour les inhibiteurs de tyrosine kinase anti-EGFR et est un marqueur de résistance primaire. Elle est également détectée dans 50 % des tumeurs qui développent une résistance secondaire sous traitement en restaurant la fonctionnalité du récepteur, et provient de l'expansion d'un sous-clone minoritaire possédant dès le départ cette mutation additionnelle et non détectable initialement [29]. Il est probable que celle-ci apparaisse sous l'effet d'une pression de sélection car elle est rarement détectée chez les patients non traités. Une autre mutation de l'exon 19 (D761Y) semble entraîner les mêmes conséquences.

Mutations du gène KRAS

Le proto-oncogène *KRAS* se situe au niveau du bras court du chromosome 12, en position 12p12.1. Il encode pour une Guanine Tri-Phosphatase (GTP-ase) monomérique de 21 kDa, ancrée à la face cytoplasmique de la membrane plasmatique. Deux isoformes de *KRAS* (KRAS4A et KRAS4B) sont produites par épissage alternatif, KRAS4B étant l'isoforme prédominante. Les mutations activatrices de *KRAS* sont retrouvées dans environ 20-25 % des CBNPC. Elles sont associées au statut tabagique et sont surtout présentes dans les adénocarcinomes. Elles sont plus fréquentes chez les patients d'origine caucasienne (30 %) et chez les femmes. La principale altération se situe au niveau du codon 12 dans l'exon 2 avec la mutation G12C correspondant à une transversion G > T. La présence d'une mutation de ce gène constitue un facteur de résistance à l'erlotinib et au géfitinib [30]. Ceci peut s'expliquer par le fait que les mutations de cet effecteur en aval de l'EGFR, en induisant une activation constitutive de la voie de signalisation RAS/MAPK, rendent les cellules tumorales insensibles à l'inhibition du domaine tyrosine kinase.

Protéine de fusion EML4-ALK et translocations de ROS1

La protéine de fusion EML4-ALK est retrouvée dans environ 5 % des CBNPC. Elle est due à de petites inversions au niveau du bras court du chromosome 2 avec une fusion entre la moitié N-terminale de la protéine EML4 (pour *Echinoderm microtubule associated protein like 4*) et la portion intracellulaire du récepteur tyrosine kinase ALK (pour *Anaplastic lymphoma kinase*). Les deux gènes *EML4* et *ALK* sont localisés respectivement en 2p21 et 2p23 et séparés par une distance d'environ 12 mégabases [31]. Cette altération est plus fréquente chez les patients jeunes non-fumeurs porteurs d'un adénocarcinome. La présence de cette protéine chimérique activée de façon constitutive est un marqueur de résistance aux inhibiteurs de tyrosine kinase anti-EGFR [32]. Mais les patients dont la tumeur possède ce gène de fusion semblent répondre aux inhibiteurs d'ALK comme le crizotinib/Xalkori® [33].

Plus récemment, des translocations ont également été mises en évidence par FISH au niveau de ROS1 dans environ 2 % des cas sur une série de 1 073 CBNPC [34]. Les deux partenaires identifiés pour la fusion étaient CD74 et SLC34A2. Ce gène est localisé en 6q22 et code pour un récepteur à activité tyrosine kinase appartenant à la famille des récepteurs de l'insuline. Les patients avec un remaniement de ROS1 ont les mêmes caractéristiques cliniques que ceux dont la tumeur contient une protéine de fusion EML4-ALK (patients jeunes non-fumeurs avec un adénocarcinome). Ces réarrangements de ROS1 semblent aussi être un biomarqueur prédictif de réponse au crizotinib.

Altérations du gène HER2

HER2 (erbB-2/neu) tout comme l'*EGFR* fait partie de la famille HER (pour *Human epidermal receptor)* comprenant également HER3/erbB-3 et HER4/erbB-4. Il n'a pas de ligand connu et forme un homodimère ou un hétérodimère avec un autre membre de la famille HER après que celui-ci ait fixé un ligand. Il est le partenaire préférentiel d'EGFR. *HER2* est muté dans moins de 5 % des CBNPC et essentiellement dans les adénocarcinomes avec une prévalence de 10 % [35]. Elles sont plus fréquentes chez les patients asiatiques et les non-fumeurs. Toutes les mutations sont localisées dans le domaine kinase avec des insertions en phase dans l'exon 20 (principalement des insertions de 12 pb au niveau du codon 775 entraînant une duplication des acides aminés Tyr-Val-Met-Ala) [36]. Elles entraînent une activation constitutive d'*HER2* et une résistance aux inhibiteurs de tyrosine kinase anti-*EGFR*. En revanche, les cellules avec cette mutation sont sensibles aux inhibiteurs de tyrosine kinase ciblant l'*EGFR* et *HER2* (comme le lapatinib/Tykerb® ou l'afatinib).
HER2 est amplifié dans seulement 3 % des CBNPC. Les patients avec un CBNPC présentant une augmentation du nombre de copies de ce gène ont une meilleure sensibilité au géfitinib avec une augmentation de la SSP par rapport aux patients sans amplification ou polysomie d'*HER2* [37].

Mutations du gène BRAF

BRAF encode pour une sérine-thréonine kinase qui est le principal effecteur de KRAS dans la voie de signalisation RAS/MAPK. Activée par interaction directe avec KRAS-GTP, BRAF va ensuite phosphoryler sur des résidus sérines et thréonines spécifiques la protéine MEK (aussi appelé MAP2K) qui elle-même va phosphoryler ERK (ou MAPK). Des mutations de ce gène, localisé en 7q34, sont présentes dans environ 3 % des CBNPC, principalement des adénocarcinomes et chez des patients fumeurs ou anciens fumeurs [25, 38]. Contrairement à d'autres types de cancer comme le mélanome et le CCR, elles ne sont pas largement dominées par la mutation V600E. D'autres substitutions peuvent également être retrouvées dans 50 % des cas, notamment au niveau des codons 469 et 594 [38].

Mutations du gène PIK3CA

Les PI3Ks sont une grande famille de lipides kinases. Elles catalysent la phosphorylation du phosphatidylinositol 4,5-bisphosphate en position 3' de son cycle inositol, générant ainsi du phosphatidylinositol 3,4,5-triphosphate.

De rares mutations (environ 2 %) ont été observées dans *PIK3CA* [39]. Ce gène code pour la sous-unité catalytique p110α d'une PI3K hétérodimérique de classe IA appelée PI3Kα. Les mutations principalement localisées au niveau des exons 9 et 20 peuvent survenir dans des tumeurs mutées *EGFR* ou *KRAS*. Elles entraînent un gain de fonction de la protéine et une activation aberrante de la voie de signalisation PI3K/AKT. Il existe trois points chauds de mutation au niveau des codons 542, 545 et 1047. Certains agents ciblant PI3K comme le BEZ235 qui inhibe PI3K et mTOR sont en cours d'évaluation dans des essais cliniques.

Altérations du gène MET

Le proto-oncogène *MET*, localisé en 7q31, code pour l'*Hepatocyte growth factor receptor* (HGFR). Une activation de la voie de l'HGF/HGFR par une amplification de *MET* est un facteur de mauvais pronostic indépendant chez les patients opérés et une cause décrite de résistance aux inhibiteurs de tyrosine kinase anti-EGFR [40]. Ainsi, une amplification du gène a été retrouvée dans environ 20 % des CBNPC montrant une résistance au géfitinib [41]. Le mécanisme en cause est une réactivation de la voie PI3K/AKT *via* HER3.
Un autre mécanisme plus rare d'activation de l'HGFR est la survenue de mutations activatrices de *MET*, dont la prévalence est d'environ 2 % [42]. Celles-ci sont localisées en dehors du domaine kinase, au niveau du domaine extracellulaire sémaphorine ou du domaine intracellulaire juxtamembranaire (avec par exemple des mutations d'épissage entraînant une délétion de l'exon 14).

Mutations du gène AKT1

AKT1 (encore appelée protéine-kinase B ou PKB) est une sérine/thréonine kinase composée d'environ 480 acides aminés et qui comporte 3 isoformes. Par phosphorylation, elle inactive la protéine kinase GSK3 et active mTOR lorsque celle-ci est présente dans le complexe mTOR/RAPTOR. Environ 1 % des CBNPC ont une mutation ponctuelle d'*AKT1*, qui dans la très grande majorité des cas correspond à une substitution d'un acide glutamique par une lysine en position 17 (mutation E17K).

Mutations du gène MAP2K1

MAP2K1 (MEK1) est une tyrosine/thréonine kinase dont le gène est situé en 15q22. Il est muté dans 1 % des CBNPC [43]. Les quelques mutations décrites à ce jour se situent en dehors de la partie kinase de la protéine, au niveau des codons 56 et 57 dans l'exon 2 (mutations Q56P et K57N). *In vitro*, elles entraînent une activation constitutive de ERK1/2.

Mélanome

Le mélanome est une tumeur potentiellement très agressive et avec une incidence en augmentation. En Europe, elle se situe en onzième position avec 84 000 nouveaux cas diagnostiqués en 2008 [1]. Il est responsable de 80 % des décès attribués aux cancers de la peau alors qu'il ne représente que 4 % des tumeurs cutanées. En cas de mélanome métastatique, 75 % des patients sont décédés à 1 an et la SG à 5 ans n'excède pas 15 %.
Au niveau thérapeutique, la dacarbazine/Déticène® constitue la chimiothérapie de référence. Son taux de réponse est décevant, d'environ 10 %, avec une survie médiane de seulement 6-8 mois. Des avancées majeures sont apparues depuis 2010 dans le traitement de ce type de cancer, grâce au développement de l'immunothérapie avec les anticorps anti-CTLA-4 (pour *Cytotoxic T-lymphocyte associated antigen 4*) comme l'ipilimumab/Yervoy®, mais aussi aux thérapies ciblées utilisées dans des populations de patients « moléculairement » sélectionnés et dans des types histologiques particuliers (tableau II).

Tableau II – Altérations moléculaires utilisées comme biomarqueurs prédictifs pour l'utilisation de thérapies ciblées dans les mélanomes.

Biomarqueur validé/thérapie ciblée avec AMM	Exemple de biomarqueurs potentiels
Mutations du gène *BRAF*/vémurafénib (Zelboraf®)	Mutations du gène *NRAS* Mutations du gène *KIT* Mutations du gène *GNAQ* Mutations du gène *GNA11*

Mutations du gène *BRAF*

La voie de signalisation RAS/MAPK est impliquée dans la mélanomagenèse. Elle est hyperactivée dans presque 90 % des mélanomes. Cela aboutit à la transcription de gènes impliqués dans la prolifération et la survie cellulaires, la protection contre l'apoptose, l'angiogenèse, l'invasion et la migration cellulaires. Dans 50 % des tumeurs (le plus souvent des mélanomes survenant sur peau exposée), des mutations somatiques activatrices de *BRAF* sont présentes. Elles ont été décrites pour la première fois en 2002 et correspondent dans plus de 90 % des cas à une mutation V600E localisée dans l'exon 15 au niveau du domaine kinase, avec une substitution de la thymine en position 1799 par une adénine, ce qui change une valine hydrophobe en un acide glutamique hydrophile. Un inhibiteur sélectif de la protéine BRAF mutée administré par voie orale, le vémurafénib/Zelboraf®, a montré sa supériorité en première ligne de traitement par rapport à la dacarbazine dans un essai de phase III, avec une augmentation significative du taux de réponse objective, de la SSP médiane et de la SG à six mois (48 % *vs* 5 %, $p < 0,001$; 5,3 mois *vs* 1,6 mois,

HR = 0,26, IC 95 % : 0,20-0,33, p < 0,001 et 84 % *vs* 64 %, HR = 0,37, IC 95 % : 0,26-0,55, p < 0,001 respectivement) [44]. L'efficacité du vémurafénib a également été mise en évidence en deuxième ligne de chimiothérapie dans un essai de phase II simple bras multicentrique [45]. Ainsi, en août 2011, la FDA a donné une AMM pour ce produit en monothérapie dans le traitement des mélanomes métastatiques à distance ou avec atteinte ganglionnaire non résécable et possédant une mutation V600E, quelle que soit la ligne de chimiothérapie. L'Agence européenne du médicament a étendu cette indication à toutes les mutations situées au niveau du codon 600, ce qui inclut entre autres les mutations V600K. Un autre inhibiteur de BRAF, le dabrafenib, a également montré une efficacité supérieure par rapport à la dacarbazine [46], et des résultats plus que prometteurs chez les patients présentant des métastases cérébrales asymptomatiques [47].
Cependant, une résistance au traitement apparaît généralement après 6-7 mois d'utilisation [45, 46]. Cette résistance secondaire serait due à une réactivation paradoxale de la voie RAS/MAPK par différents mécanismes. Pour lutter contre ce phénomène, une inhibition complète de cette voie de signalisation par une bithérapie associant un inhibiteur de BRAF à un inhibiteur de MEK comme le trametinib semble être une solution intéressante [48]. Les mutations de *BRAF* ont aussi un intérêt comme biomarqueur prédictif de réponse au trametinib [49].

Mutations du gène *NRAS*

La voie RAS/MAPK peut aussi être activée suite à des mutations oncogéniques survenant dans le gène *NRAS*. Celles-ci sont présentes dans 15-20 % des mélanomes, avec comme principale altération une substitution d'une glutamine par une leucine en position 61 (mutation Q61L), ce qui supprime l'activité GTP-ase intrinsèque de la protéine et la bloque dans sa conformation active associée au GTP. Les autres membres de la sous-famille Ras (*KRAS* et *HRAS*) sont pour leur part rarement mutés dans ce type de cancer (2 % et 1 % respectivement). Aucune stratégie thérapeutique n'a encore été développée chez ces patients pour lesquels un inhibiteur de BRAF ne peut être prescrit puisque les mutations de *NRAS* et *BRAF* sont mutuellement exclusives. Certains travaux semblent montrer que ces tumeurs sont sensibles aux inhibiteurs de MEK.

Mutations du gène *KIT*

Enfin, la voie RAS/MAPK peut être activée par ce récepteur tyrosine kinase. Le gène, localisé en 4q11-q12, est muté dans 20-25 % des mélanomes acraux et des muqueuses. Ces mutations favorisent la dimérisation du récepteur ou empêchent le maintien de sa conformation auto-inhibée. Un essai de phase II ayant évalué un inhibiteur de ce récepteur, l'imatinib mésylate/Glivec®, a montré des résultats encourageants. Chez 51 patients avec un mélanome contenant une mutation ou une amplification de *KIT*, le taux de réponse globale était de 16 %. La SSP et la SG étaient de 12 semaines et 46,3 semaines respectivement [50].

Mutations des gènes *GNAQ* et *GNA11*

Parmi les mélanomes choroïdiens où les mutations de *BRAF* et *NRAS* sont absentes, des mutations activatrices ont été retrouvées dans la sous-unité alpha de deux récepteurs couplés aux protéines G (GNAQ et GNA11). Leur prévalence est respectivement de 40-50 % et 25 %, ces mutations étant mutuellement exclusives. Des données récentes suggèrent une implication thérapeutique de ces mutations *via* une sensibilité aux inhibiteurs de MEK.

Conclusion

Des progrès majeurs ont été effectués ces dernières années dans la compréhension de la biologie des tumeurs grâce à l'utilisation de techniques innovantes telles que les puces à ADN et le séquençage haut-débit. Ainsi, de nouvelles classifications moléculaires tendent à supplanter les anciennes classifications histologiques. En dehors des tumeurs décrites dans ce chapitre, d'autres types de cancers ont bénéficié de ces progrès comme le cancer du sein, le carcinome hépatocellulaire, les cancers du rein, les cancers ORL et les tumeurs stromales gastro-intestinales. Ces avancées ont permis le développement rapide de thérapeutiques soumises à l'utilisation de tests compagnons et ciblant des molécules ayant un rôle déterminant dans la survie des cellules tumorales. Certaines de ces thérapies ciblées ont déjà bouleversé nos pratiques cliniques et ont ouvert la voie vers une médecine personnalisée.

Cependant, les recherches n'en sont qu'à leur début. L'apparition fréquente de résistances secondaires a terni les résultats très prometteurs initiaux. La biologie des tumeurs reste complexe et ne peut se résumer à une altération unique. Une des pistes pourrait être l'utilisation d'une combinaison de ces thérapies ciblées définissant de plus en plus un véritable traitement à la carte.

Références

1. Ferlay J, Parkin DM, Steliarova-Foucher E (2010) Estimates of cancer incidence and mortality in Europe in 2008. Eur J Cancer 46: 765-81

2. Trautmann K, Terdiman JP, French AJ, *et al.* (2006) Chromosomal instability in microsatellite-unstable and stable colon cancer. Clin Cancer Res 12: 6379-85
3. Kondo Y, Issa JP (2004) Epigenetic changes in colorectal cancer. Cancer Metastasis Rev 23: 29-39
4. Weisenberger DJ, Siegmund KD, Campan M, *et al.* (2006) CpG island methylator phenotype underlies sporadic microsatellite instability and is tightly associated with BRAF mutation in colorectal cancer. Nat Genet 38: 787-93
5. Shen L, Toyota M, Kondo Y, *et al.* (2007) Integrated genetic and epigenetic analysis identifies three different subclasses of colon cancer. Proc Natl Acad Sci U S A 104: 18654-9
6. Popat S, Hubner R, Houlston RS (2005) Systematic review of microsatellite instability and colorectal cancer prognosis. J Clin Oncol 23: 609-18
7. Hutchins G, Southward K, Handley K, *et al.* (2011) Value of mismatch repair, KRAS, and BRAF mutations in predicting recurrence and benefits from chemotherapy in colorectal cancer. J Clin Oncol 29: 1261-70
8. Walther A, Houlston R, Tomlinson I (2008) Association between chromosomal instability and prognosis in colorectal cancer: a meta-analysis. Gut 57: 941-50
9. Barault L, Charon-Barra C, Jooste V, *et al.* (2008) Hypermethylator phenotype in sporadic colon cancer: study on a population-based series of 582 cases. Cancer Res 68: 8541-6
10. Roth AD, Tejpar S, Delorenzi M, *et al.* (2010) Prognostic role of KRAS and BRAF in stage II and III resected colon cancer: results of the translational study on the PETACC-3, EORTC 40993, SAKK 60-00 trial. J Clin Oncol 28: 466-74
11. Ogino S, Shima K, Meyerhardt JA, *et al.* (2012) Predictive and prognostic roles of BRAF mutation in stage III colon cancer: results from intergroup trial CALGB 89803. Clin Cancer Res 18: 890-900
12. Richman SD, Seymour MT, Chambers P, *et al.* (2009) KRAS and BRAF mutations in advanced colorectal cancer are associated with poor prognosis but do not preclude benefit from oxaliplatin or irinotecan: results from the MRC FOCUS trial. J Clin Oncol 27: 5931-7
13. Popovici V, Budinska E, Tejpar S, *et al.* (2012) Identification of a poor-prognosis BRAF-mutant-like population of patients with colon cancer. J Clin Oncol 30: 1288-95
14. O'Connell MJ, Lavery I, Yothers G, *et al.* (2010) Relationship between tumor gene expression and recurrence in four independent studies of patients with stage II/III colon cancer treated with surgery alone or surgery plus adjuvant fluorouracil plus leucovorin. J Clin Oncol 28: 3937-44
15. Salazar R, Roepman P, Capella G, *et al.* (2011) Gene expression signature to improve prognosis prediction of stage II and III colorectal cancer. J Clin Oncol 29: 17-24
16. Gray RG, Quirke P, Handley K, *et al.* (2011) Validation study of a quantitative multigene reverse transcriptase-polymerase chain reaction assay for assessment of recurrence risk in patients with stage II colon cancer. J Clin Oncol 29: 4611-9
17. O'Connell MJ, Lee M, Lopatin M, *et al.* (2012) Validation of the 12-Gene Colon Cancer Recurrence Score® Result in NSABP C-07 as a Predictor of Recurrence in Stage II and III Colon Cancer Patients Treated with 5FU/LV (5FU) and 5FU/LV + Oxaliplatin (5FU+Ox). ESMO, Vienne, 28 septembre-2 octobre
18. Hurwitz H, Fehrenbacher L, Novotny W, *et al.* (2004) Bevacizumab plus irinotecan, fluorouracil, and leucovorin for metastatic colorectal cancer. N Engl J Med 350: 2335-42
19. Cunningham D, Humblet Y, Siena S, *et al.* (2004) Cetuximab monotherapy and cetuximab plus irinotecan in irinotecan-refractory metastatic colorectal cancer. N Engl J Med 351: 337-45
20. Van Cutsem E, Peeters M, Siena S, *et al.* (2007) Open-label phase III trial of panitumumab plus best supportive care compared with best supportive care alone in patients with chemotherapy-refractory metastatic colorectal cancer. J Clin Oncol 25: 1658-64
21. Ree AH, Dueland S, Folkvord S, *et al.* (2010) Vorinostat, a histone deacetylase inhibitor, combined with pelvic palliative radiotherapy for gastrointestinal carcinoma: the Pelvic Radiation and Vorinostat (PRAVO) phase 1 study. Lancet Oncol 11: 459-64

22. Van Cutsem E, Sobrero AF, Siena S, *et al.* (2012) Phase III CORRECT trial of regorafenib in metastatic colorectal cancer (mCRC). ASCO Annual Meeting, Chicago, 01-05 juin
23. Van Cutsem E, Tabernero J, Lakomy R, *et al.* (2012) Addition of Aflibercept to Fluorouracil, Leucovorin, and Irinotecan Improves Survival in a Phase III Randomized Trial in Patients With Metastatic Colorectal Cancer Previously Treated With an Oxaliplatin-Based Regimen. J Clin Oncol 30: 3499-506
24. Tonon G, Wong KK, Maulik G, *et al.* (2005) High-resolution genomic profiles of human lung cancer. Proc Natl Acad Sci U S A 102: 9625-30
25. Ding L, Getz G, Wheeler DA, *et al.* (2008) Somatic mutations affect key pathways in lung adenocarcinoma. Nature 455: 1069-75
26. Rauch TA, Zhong X, Wu X, *et al.* (2008) High-resolution mapping of DNA hypermethylation and hypomethylation in lung cancer. Proc Natl Acad Sci U S A 105: 252-7
27. Pao W, Girard N (2011) New driver mutations in non-small-cell lung cancer. Lancet Oncol 12: 175-80
28. Tang X, Shigematsu H, Bekele BN, *et al.* (2005) EGFR tyrosine kinase domain mutations are detected in histologically normal respiratory epithelium in lung cancer patients. Cancer Res 65: 7568-72
29. Kobayashi S, Boggon TJ, Dayaram T, *et al.* (2005) EGFR mutation and resistance of non-small-cell lung cancer to gefitinib. N Engl J Med 352: 786-92
30. Massarelli E, Varella-Garcia M, Tang X, *et al.* (2007) KRAS mutation is an important predictor of resistance to therapy with epidermal growth factor receptor tyrosine kinase inhibitors in non-small-cell lung cancer. Clin Cancer Res 13: 2890-6
31. Soda M, Choi YL, Enomoto M, *et al.* (2007) Identification of the transforming EML4-ALK fusion gene in non-small-cell lung cancer. Nature 448: 561-6
32. Shaw AT, Yeap BY, Mino-Kenudson M, *et al.* (2009) Clinical features and outcome of patients with non-small-cell lung cancer who harbor EML4-ALK. J Clin Oncol 27: 4247-53
33. Shaw AT, Yeap BY, Solomon BJ, *et al.* (2011) Effect of crizotinib on overall survival in patients with advanced non-small-cell lung cancer harbouring ALK gene rearrangement: a retrospective analysis. Lancet Oncol 12: 1004-12
34. Bergethon K, Shaw AT, Ou SH, *et al.* (2012) ROS1 rearrangements define a unique molecular class of lung cancers. J Clin Oncol 30: 863-70
35. Stephens P, Hunter C, Bignell G, *et al.* (2004) Lung cancer: intragenic ERBB2 kinase mutations in tumours. Nature 431: 525-6
36. Arcila ME, Chaft JE, Nafa K, *et al.* (2012) Prevalence, clinicopathologic associations, and molecular spectrum of ERBB2 (HER2) tyrosine kinase mutations in lung adenocarcinomas. Clin Cancer Res 18: 4910-8
37. Cappuzzo F, Varella-Garcia M, Shigematsu H, *et al.* (2005) Increased HER2 gene copy number is associated with response to gefitinib therapy in epidermal growth factor receptor-positive non-small-cell lung cancer patients. J Clin Oncol 23: 5007-18
38. Paik PK, Arcila ME, Fara M, *et al.* (2011) Clinical characteristics of patients with lung adenocarcinomas harboring BRAF mutations. J Clin Oncol 29: 2046-51
39. Yamamoto H, Shigematsu H, Nomura M, *et al.* (2008) PIK3CA mutations and copy number gains in human lung cancers. Cancer Res 68: 6913-21
40. Cappuzzo F, Marchetti A, Skokan M, *et al.* (2009) Increased MET gene copy number negatively affects survival of surgically resected non-small-cell lung cancer patients. J Clin Oncol 27: 1667-74
41. Engelman JA, Zejnullahu K, Mitsudomi T, *et al.* (2007) MET amplification leads to gefitinib resistance in lung cancer by activating ERBB3 signaling. Science 316: 1039-43
42. Onozato R, Kosaka T, Kuwano H, *et al.* (2009) Activation of MET by gene amplification or by splice mutations deleting the juxtamembrane domain in primary resected lung cancers. J Thorac Oncol 4: 5-11

43. Marks JL, Gong Y, Chitale D, *et al.* (2008) Novel MEK1 mutation identified by mutational analysis of epidermal growth factor receptor signaling pathway genes in lung adenocarcinoma. Cancer Res 68: 5524-8
44. Chapman PB, Hauschild A, Robert C, *et al.* (2011) Improved survival with vemurafenib in melanoma with BRAF V600E mutation. N Engl J Med 364: 2507-16
45. Sosman JA, Kim KB, Schuchter L, *et al.* (2012) Survival in BRAF V600-mutant advanced melanoma treated with vemurafenib. N Engl J Med 366: 707-14
46. Hauschild A, Grob JJ, Demidov LV, *et al.* (2012) Dabrafenib in BRAF-mutated metastatic melanoma: a multicentre, open-label, phase 3 randomised controlled trial. Lancet 380: 358-65
47. Long GV, Trefzer U, Davies MA, *et al.* (2012) Dabrafenib in patients with Val600Glu or Val600Lys BRAF-mutant melanoma metastatic to the brain (BREAK-MB): a multicentre, open-label, phase 2 trial. Lancet Oncol 13: 1087-95
48. Flaherty KT, Infante JR, Daud A, *et al.* (2012) Combined BRAF and MEK inhibition in melanoma with BRAF V600 mutations. N Engl J Med 367: 1694-703
49. Flaherty KT, Robert C, Hersey P, *et al.* (2012) Improved survival with MEK inhibition in BRAF-mutated melanoma. N Engl J Med 367: 107-14
50. Carvajal RD, Antonescu CR, Wolchok JD, *et al.* (2011) KIT as a therapeutic target in metastatic melanoma. JAMA 305: 2327-34

Diagnostic moléculaire des hémopathies malignes 5

P. Cornillet-Lefebvre, A. Quinquenel, B. Gaillard

Introduction

Définition et classification

Les hémopathies malignes sont des pathologies tumorales issues de la transformation maligne d'une cellule hématopoïétique médullaire (immature) ou périphérique (mature). L'émergence d'un clone tumoral est la conséquence d'anomalie(s) génétique(s) somatiques acquises qui modifie(nt) au moins l'une des fonctions cellulaires suivantes : prolifération, apoptose, différenciation, adhésion et homing. L'ensemble des mécanismes responsables de la transformation d'une cellule normale en cellule leucémique définit la leucémogénèse.

La classification des hémopathies a été révisée en 2008 par l'OMS (Organisation Mondiale de la Santé) [1]. Elle répertorie les hémopathies en fonction de leur lignée (Lymphoïde ou Myéloïde) et de la nature « immature » ou « mature » du clone tumoral. Parmi celles-ci, ce chapitre décrit les Syndromes Prolifératifs chroniques Myéloïdes (SMP) ou Lymphoïdes (SLP), les Leucémies Aiguës Lymphoïdes (LAL) ou Myéloïdes (LAM) et les Syndromes Myélodysplasiques (SMD). Cette nouvelle classification avait à l'époque mis en exergue certaines anomalies génétiques récurrentes intégrées aux critères diagnostiques ou pronostiques précédemment admis en 2001. La prochaine révision de cette classification devra prendre en compte les données moléculaires obtenues récemment suite à l'incroyable développement des techniques de biologie moléculaire et notamment du séquençage nouvelle génération (NGS).

P. Cornillet-Lefebvre[1] (✉) A. Quinquenel[2], B. Gaillard[1]
1. Laboratoire d'hématologie – 2. Service d'hématologie – CHU de Reims, rue Général Koënig – 51092 Reims cedex – E-mail : plefebvre@chu-reims.fr

Sous la direction de Jean-Louis Merlin, *Les biomarqueurs moléculaires en oncologie*
ISBN : 978-2-8178-0444-6, © Springer-Verlag Paris, 2014

Apport de l'exploration des anomalies moléculaires dans la prise en charge du patient

Outre l'intérêt fondamental pour comprendre la leucémogénèse, l'identification des marqueurs moléculaires d'une hémopathie est utile voire indispensable pour la prise en charge du patient. On peut distinguer quatre domaines d'intérêt : établir ou étayer le diagnostic de l'hémopathie et sa classification, affiner le pronostic, suivre l'efficacité de la thérapeutique et être la cible d'une thérapeutique spécifique.

Établir ou étayer le diagnostic d'une hémopathie maligne et sa classification

Les données de biologie moléculaire ont profondément modifié la démarche diagnostique en oncohématologie. Le diagnostic d'une hémopathie maligne ne repose plus uniquement sur des critères cytologiques, immunophénotypiques et/ou anatomo-pathologiques. La mise en évidence d'anomalie(s) cytogénétique(s) et/ou moléculaire(s) est devenue utile voire indispensable pour établir le diagnostic d'hémopathie et sa classification.

Affiner le pronostic

Les facteurs pronostiques permettent de prédire la variabilité d'évolution d'un individu à l'autre (en terme de survie globale (OS), de survie sans événement (EFS) / sans maladie (DFS) ou de risque de rechute (RR)), et ainsi d'adapter l'intensité du protocole thérapeutique à la toxicité attendue du traitement et au risque de rechute. L'analyse moléculaire au diagnostic est, à ce titre, un facteur pronostique. Elle peut également prédire la sensibilité des cellules tumorales aux agents cytotoxiques et favoriser une stratégie thérapeutique « adaptée ». On distingue deux grands types de facteurs pronostiques : ceux liés au patient ou à la tumeur au moment du diagnostic et ceux liés à la qualité de la réponse au traitement.

Suivre l'efficacité de la thérapeutique

Au cours du suivi du patient traité, la maladie résiduelle minimale (MRD) correspond aux cellules tumorales indétectables par les techniques classiques, au seuil de détection d'au minimum 10^{-3}. La nature des marqueurs moléculaires, la méthodologie (techniques de biologie moléculaire ou de cytométrie en flux), la nature des points de suivi décisionnels, les valeurs attendues à ces points et les décisions thérapeutiques qui en résultent, varient en fonction de l'hémopathie.

Cibler la thérapeutique

En 2001, l'Imatinib a révolutionné le pronostic de la Leucémie Myéloïde Chronique grâce à un mécanisme d'action ciblé : l' inhibition quasi-spécifique de la tyrosine-kinase ABL résultant du transcrit de fusion BCR-ABL. Dans la Leucémie Aiguë promyélocytaire (LAP), l'utilisation d'agents non cytotoxiques tels l'acide tout-trans-rétinoïque (ATRA) ou plus récemment l'arsenic a augmenté de façon spectaculaire la survie des patients. Ces deux molécules ciblent l'anomalie moléculaire spécifique de LAP, le transcrit de fusion PML-RARA. Ces deux exemples historiques ont ouvert la voie du dévelopement de la thérapeutique ciblant les anomalies moléculaires.

Méthodes d'analyse

L'analyse de ces marqueurs moléculaires est réalisée principalement au sein des plateformes de génétique des cancers. Jusqu'à présent les approches techniques reposaient essentiellement sur la PCR ou RT-PCR en point final ou en temps réel (quantification ou discrimination allélique), le séquençage (précédé ou non d'un screening par HRM (High-Resolution Melting)) et la PCR numérique. En 2014 la plupart des plateformes se sont équipées d'appareillage de séquençage nouvelle génération (NGS). L'INCA (Institut National du Cancer) et le GBMHM (Groupe des Biologistes Moléculaires des Hémopathies Malignes) favorisent le développement de cette technologie qui à moyen terme entrera dans la « routine » de l'exploration des hémopathies, au diagnostic et au suivi.

Exploration des syndromes myéloprolifératifs chroniques (SMP)

Les syndromes myéloprolifératifs (SMP) sont des hémopathies hétérogènes aux caractéristiques communes : atteinte mono ou oligoclonale de la cellule souche hématopoïétique responsable d'un avantage prolifératif, sans blocage de maturation et aboutissant à une hyperplasie prédominante d'une ou plusieurs lignées myéloïdes. L'incidence est de 3 pour 100 000 habitants/an et les malades ont généralement plus de 60 ans. On distingue deux groupes selon qu'ils portent ou non le remaniement BCR-ABL.

Syndromes myéloprolifératives chroniques BCR-ABL+

Classification, oncogenèse et thérapeutique

Au sein des SMP, la Leucémie Myéloïde Chronique (LMC) se caractérise par une atteinte prédominante de la lignée granuleuse, une t(9;22)(q34;q11) et une évolution en trois phases (chronique, accélérée et blastique). On désigne par « chromosome Philadelphie » (Phi), le chromosome 22 dérivé de cette translocation. La t(9;22) conduit à l'expression d'un transcrit chimère issu de la fusion des gènes ABL et BCR. La protéine de fusion présente une activité tyrosine kinase ABL constitutive, responsable d'une activation anormale des voies de signalisation intracellulaires à l'origine d'une prolifération exacerbée, d'une résistance à l'apoptose et d'une majoration de l'instabilité génique. Les cellules de LMC sont très sensibles aux inhibiteurs de tyrosine kinase de première, seconde ou troisième génération (ITK1, 2 et 3), respectivement Imatinib, Nilotinib/Dasatinib et Ponatinib/Bosutinib. Une mutation ponctuelle du domaine kinase de BCR-ABL peut expliquer une résistance au traitement.

Depuis 2001, le traitement conventionnel en première ligne de la LMC a été l'Imatinib (400 mg/j) permettant la survie à 8 ans de 85 % des patients. En 2013, les experts de l'European LeukemiaNet (ELN) ont étendu le choix du traitement de première ligne aux ITK2, le choix de l'ITK pouvant être guidé par le score prognostique initial ou la nature des comorbidités. Les ITK3 sont proposés en seconde ligne en cas de résistance. Le Ponatinib est le traitement de référence des LMC avec mutation T315I. Enfin la greffe allogénique est proposée en troisième ligne de traitement en cas d'échec ou d'intolérance à plus de deux ITK(2).

Diagnostic

Le diagnostic de LMC est suspecté devant une hyperleucocytose avec augmentation du taux des polynucléaires neutrophiles, éosinophiles et basophiles, la présence de précurseurs médullaires (myélémie), souvent associée à une thrombocytose et une anémie. Seule l'identification de la translocation t(9;22) et/ou du transcrit BCR-ABL permet de porter le diagnostic. L'identification du transcrit BCR-ABL est réalisée par RT-PCR multiplex selon les recommandations européennes du groupe européen BIOMED.

Pronostic

Différents scores (SOKAL, HASFORD, EUTOS) fondés sur des critères clinico-biologiques doivent être établis au moment du diagnostic. La probabilité de mauvaise réponse au traitement de référence a été clairement établie pour les scores élevés.

Le caryotype médullaire permet d'identifier des anomalies chromosomiques additionnelles (ACA) à la t(9;22). En 2013, seuls la duplication du chromo-

some Phi, la trisomie 8, l'isochromosome 17(q10) ou la trisomie 19 sont associés à un pronostic défavorable.
Au diagnostic, ces deux facteurs (score élevé et/ou ACA) permettent d'identifier des patients qui bénéficieront d'une surveillance biologique accrue [2].

Suivi thérapeutique

Le suivi moléculaire est réalisé par une technique de RT-PCR quantitative. Un ratio normalisé exprimé en % IS (International Scale) est rendu au clinicien. Ce ratio correspond au nombre de copies de transcrits BCR-ABL divisé par le nombre de copies d'ABL, multiplié par le Facteur de Conversion (FC) et multiplié par 100 (BCR-ABL/ABL × FC × 100). Le gène de contrôle choisi est ABL, il permet de normaliser la quantité de transcrits BCR-ABL en fonction de la quantité total d'ARN amplifiable présent dans l'échantillon testé. Le FC est le facteur que chaque laboratoire calcule et applique pour s'aligner au standard international [3]. Le GBMHM, a promu une standardisation de la méthode de l'EAC (Europe Againts Cancer), des critères de validation ainsi qu'un programme de contrôle de qualité.
En 2013, les experts de l'ELN ont actualisé les critères définissant la qualité de la réponse au traitement ainsi que les recommandations thérapeutiques. Trois groupes de patients sont définis en fonction de leur réponse : en réponse optimale, nécessitant une vigilance (surveillance rapprochée) ou en échec. Un changement d'ITK est recommandé uniquement en cas d'échec.
Les critères de réponses sont définis au cours du temps et incluent des critères hématologiques (hémogramme), cytogénétiques (nombre de mitoses Phi+) ou moléculaires (BCR-ABL exprimé selon l'échelle internationale ou IS %). Deux tableaux sont proposés selon que le patient est traité en première (tableau I) ou en seconde ligne après échec de l'Imatinib.
L'évolution des recommandations de 2013 a porté sur les points suivants (non exaustif) :

- Dans la définition d'un échec primaire en 1re ligne, la réponse moléculaire devient enfin un critère définissant l'échec dès 6 mois (BCR-ABL > 10 %), une réponse cytogénétique est attendue plus précocément dès 3 mois (Phi+ > 95 %). La réponse optimale définie par la réponse moléculaire majeure est attendue plus précocément dès 12 mois (RMM ≤ 0,1% ou décroissance de 3 log par rapport au 100 % théorique du diagnostic).
- Dans la définition d'un échec après 12 mois, apparaît le critère moléculaire correspondant à la perte de la réponse moléculaire majeure confirmée sur deux tests consécutifs et dont l'un doit avoir un ratio BCR-ABL > 1 %.

Une hausse confirmée des taux de transcrit peut évoquer une anomalie d'observance ou une perte d'efficacité du traitement secondaire à l'acquisition d'une résistance. Un des mécanismes de résistance résulte de la sélection d'un clone

cellulaire présentant une mutation du gène ABL au niveau du site de fixation de l'Imatinib. Les mutations d'ABL, sont alors recherchées par séquençage. Elles sont analysées pour des ratios supérieurs à 1 %. Elles restent rares chez les patients traités par l'Imatinib en première ligne. Il est recommandé de modifier le traitement pour un autre ITK à choisir selon le type de mutation [2].
L'analyse moléculaire standardisée a permis également d'envisager l'arrêt du traitement par ITK. Les français du groupe FiLMC en sont les précurseurs. Le protocole STIM-I a évalué l'arrêt d'un traitement chez des patients traités par Imatinib depuis plus de 5 ans et présentant une réponse moléculaire indétectable (RMI) depuis plus de 2 ans. La rechute est définie comme une perte confirmée de la RMI. Après un suivi moyen de 24 mois, 40 % des patients reste en RMI. Les patients ayant rechuté, l'ont fait dans les 8 premiers mois et sont restés sensibles à l'Imatinib [4]. Une étude observationnelle plus récente « selon STIM » utilisant les mêmes critères d'inclusion, a montré que si on définit la rechute moléculaire comme une perte de la RMM et avec un suivi de 8 à 92 mois, on peut évaluer à 64 % le pourcentage de patients non traités ne perdant jamais la RMM [5].
Pour être indépendant de la sensibilité analytique, et pouvoir sélectionner de façon homogène les patients elligibles à un arrêt de traitement, le terme de réponse moléculaire complète ou indétectable a été banni au profit de la profondeur de la réponse. Une fois que la RMM a été atteinte, on parle de RM 4, RM 4.5 ou 5 log [6]. Un protocole européen EUROSKI incluant des patients en RM4 depuis au moins 3 ans et définissant la rechute comme la perte de la RMM est en cours.

Tableau I – Définition European LeukemiaNet (ELN 2013) des réponses pour les patients ayant une Leucémie Myéloïde Chronique traitée en première ligne par un ITK [2]

	Réponse Optimale	Vigilance	Echec
Au diagnostic	NA	Risque élevé ou ACC/Phi+ (dupPhi+,+8,i17q,+19)	NA
À 3 mois	BCR-ABL ≤ 10 % et/ou Phi+ ≤ 35 %	BCR-ABL >10 % et/ou Phi+ 36-95 %	Absence de RHC et/ou Phi+ > 95 %
À 6 mois	BCR-ABL ≤ 1 % et/ou Phi+ 0	BCR-ABL 1-10 % et/ou Phi+ 1-35 %	BCR-ABL > 10 % et/ou Phi+ > 35 %
À 12 mois	BCR-ABL ≤ 0,1 %	BCR-ABL 0,1-1 %	BCR-ABL > 1 % et/ou Phi+ > 0
Ensuite et à tout moment	BCR-ABL ≤ 0,1 %	ACC/Ph- (-7 ou 7q-)	Perte de RHC Perte de RCyC Perte confirmée de la RMM Mutation ACA/Ph1+

RHC = Réponse Hématologique Complète/ RCyC = Réponse Cytogénétique Complète/ RMM = Réponse Moléculaire Majeure/ ACA = Anomalie Chromosomique Additionnelle/ EC = Evolution Clonale/ Phi+/Phi- = mitoses portant / ne portant pas le chromosome Philadelphie ou t(9;22)

Syndromes Myéloprolifératives Chroniques BCR-ABL-

Classification, oncogenèse et thérapeutique

Parmi ces pathologies, on distingue trois entités « classiques » distinctes : la PV (Polyglobulie primitive de Vaquez), la TE (Thrombocytémie Essentielle) et la MFP (Myélofibrose Primitive), même si l'existence d'un « continuum » est largement admis. Les PV et TE sont des SMP caractérisés respectivement par un taux anormalement élevé d'hémoglobine (> 185 g/L chez l'homme, > 165 g/L chez la femme) ou de plaquettes (> 450G/L). On retrouve souvent une hyperleucocytose et une splénomégalie. La MFP est suspectée devant l'association de signes généraux fréquents, d'une splénomégalie, et d'une pancytopénie avec érythromyélémie, dacryocytes et myélémie. Les leucocytes et/ou les plaquettes peuvent être élevés, témoignant de la prolifération. Dans ce groupe, on distingue également la Leucémie à Polynucléaires Neutrophiles.
En 2005, trois équipes dont une française ont identifié une mutation dans l'exon 14 du gène JAK2 (V617F) dans ces 3 SMP classiques. Cette mutation, située dans le domaine pseudo-kinase, altère la régulation du domaine kinase et confère une activation constitutive de la voie JAK-STAT. La prolifération des progéniteurs myéloïdes devient alors indépendante des facteurs de croissance spécifiques (erythropoïétine (EPO), thrombopoïétine (TPO) et facteur de croissance granulocytaire (GSF)) [7].
Même s'il existe une surmortalité, l'évolution de la PV et TE reste le plus souvent indolente. Le risque de transformation en leucémie aiguë ou en myélofibrose est faible (5-10 %) et tardif (après 8-10 ans d'évolution). Le risque majeur est lié aux complications thrombotiques (> 20 %). Le traitement de première ligne des TE et des PV vise à prévenir le risque thrombotique : anti-agrégant plaquettaire et phlébotomie (uniquement pour la PV) pour les patients de risque faible, associés à un agent cytoréducteur ou un traitement par Interferon α (IFN-α) pour les patients de risque élevé [8]. La MFP est plus agressive avec une médiane de survie de 5-6 ans et un risque d'accélération ou de transformation en leucémie aiguë de 50 %. Selon le groupe de risque, on préconise un traitement symptomatique, des chimiothérapies conventionnelles, des traitements expérimentaux ou une greffe de cellules souches allogéniques. Récemment un inhibiteur de JAK2 (Ruxolitinib) a montré son efficacité sur les signes généraux et la splénomégalie dans les protocoles COMFORT-1 et 2 [9].

Diagnostic

La mise en évidence en 2005 de la mutation V617F de JAK2 a modifié considérablement la démarche diagnostique des SMP [8, 9]. On la retrouve dans 96 % des PV, 60 % des TE et 50 % des MFP.
Après avoir éliminé les causes évidentes de polyglobulie secondaire, le diagnostic repose sur la recherche de la mutation V617F de JAK2 et le dosage de l'érythropoïétine sérique. L'absence de mutation de JAK2 doit faire reconsidérer le

diagnostic de PV mais en cas de forte suspicion clinique, on peut poursuivre par la recherche d'une mutation de l'exon 12 de JAK2 (1-2 % des PV).
Il n'existe pas de test biologique permettant d'affirmer le diagnostic de TE. Les critères diagnostiques des TE, font de cette entité un diagnostic d'exclusion. On élimine le diagnostic d'autres hémopathies se présentant avec une thrombocytose (autres SMP ou certaines MDS ou LAM) ainsi que les causes secondaires évidentes.
Quant aux MFP, leur diagnostic de certitude est posé par l'examen anatomopathologique de la biopsie ostéo-médullaire : fibrose réticulinique et/ou collagène associée à une hyperplasie mégacaryocytaire dystrophique.

Depuis 2006, l'exploration des TE et/ou MFP négatives pour V617F se poursuit par la recherche de la mutation W515L/K de MPL (gène du récepteur à la TPO) retrouvée dans respectivement 3 et 7 % des cas. Fin 2013, l'analyse par séquençage d'exome de SMP négatifs pour les mutations JAK2 et MPL a permis la découverte des mutations du gène de la calréticuline (CALR). Près de 40 variants (dont 2 majoritaires) présentant une insertion et/ou délétion ont été décrits dans l'exon 9 de ce gène. Une mutation du gène CALR est retrouvée dans respectivement 50 % et 70 % des TE ou MFP « doubles négatifs » faisant qualifier cette mutation de «chaînon manquant» des SMP (Fig. 1) [10].

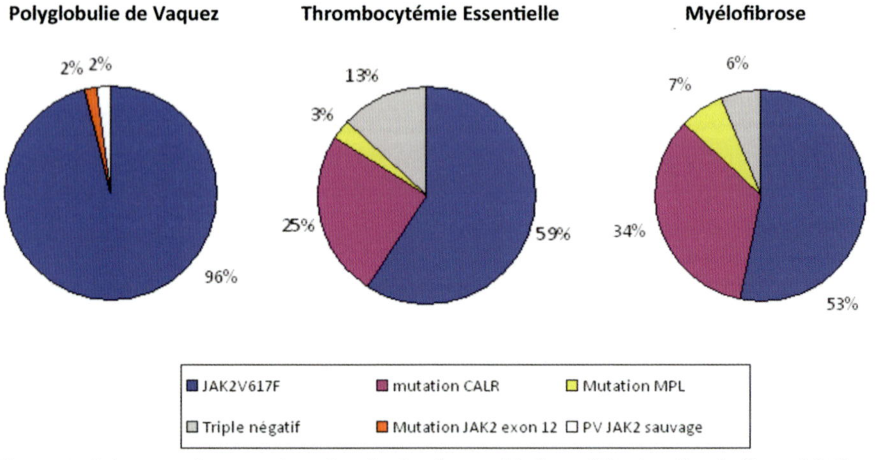

Figure 1 – Fréquence des mutations dans les Syndromes Myéloproliférative d'après Klampfl [10]

La recherche de la mutation V617F de JAK2 est réalisable par différentes approches. Il est recommandé d'utiliser une technique de criblage identifiant au moins 1 % de la dilution de la lignée de référence UKE-1. Les techniques de PCR en temps réel « primers spécifiques » sont particulièrement sensibles pouvant atteindre un seuil de détection de 0,1-0,2 % [11]. Les résultats positifs (et principalement les clones < 1 %) doivent être confrontés aux données biologiques et cliniques et si besoin contrôlés. En effet, s'il existe de véritable TE exprimant très faiblement le clone muté, on doit néanmoins redouter les

« faux positifs ». La PCR en temps réel peut être facilement adaptée à une analyse quantitative qui définira ce qu'on appelle la « charge en allèle muté » [12]. Un pourcentage élevé d'allèle muté est retrouvée plus fréquemment dans les PV et MFP que dans les TE. Si ce critère ne peut permettre d'étiqueter avec certitude le type de SMP, il peut être informatif. Ainsi, une TE présentant une forte charge d'allèle muté peut évoquer un contexte particulier : PV se présentant au diagnostic comme une TE, MFP au stade préfibrotique [13].
La recherche des mutations de la calréticuline se fait par analyse de fragments et le pourcentage d'allèle muté est généralement supérieur à 50 % témoignant de la survenue précoce de cette anomalie au cours du processus de leucémogénèse des TE et MFP.
Depuis 2014, dans les cas d'hyperleucocytose atypique (sans cause secondaire et bcr-abl négative) suspects de SMP selon les critères de l'OMS, on préconise l'exploration par séquençage des gènes CSF3-R (exon 14 du gène de récepteur du G-CSF) et SETBP1 fréquemment mutés dans la Leucémie Chronique à Polynucléaires Neutrophiles ou la Léucémie Myéloïde atypique BCR-ABL-. Ces nouvelles anomalies moléculaires ont conduit Tefferi à proposer de nouveaux critères OMS pour le diagnostic des SMP [14].

Pronostic

Des classifications stratifient selon le risque majeur : risque de thrombose pour les PV et TE (associé à l'âge, les ATCD de thrombose et l'hyperleucocytose) et risque de survie ou transformation leucémique pour les MFP (score IPSS (international Prognostic Scoring Système) associant âge, anémie, hyperleucocytose, blastes ou score D (Dynamic) IPSS ou score DIPSS+). Ces classifications pronostiques s'accompagnent de recommandations de traitement [8, 9]. À ce jour l'analyse qualitative ou quantitative de la mutation de JAK2 n'entre dans aucune classification pronostique.
Néanmoins, il est admis que la présence de la mutation V617F dans les TE, ou une charge élevée de l'allèle muté dans les PV, sont associées à un risque doublé de thromboses veineuses (TE) ou artérielles (TE et PV). Ceci a conduit Barbui à proposer d'introduire le critère moléculaire dans un nouveau score évaluant le risque thrombotique (IPSET-thrombose) [15].
La mutation de la calréticuline serait associée à un risque 2 fois moindre de thrombose dans la TE [16].
Pour les MFP, Guglielmelli a confirmé le rôle péjoratif d'une faible charge d'allèle muté JAK2V617F sur la survie [17].

Suivi thérapeutique

L'impact de la réponse moléculaire quantitative en cours de traitement ciblé (régression du clone JAK2 muté) sur la réponse clinique n'est pas encore clairement défini et ne modifie pas actuellement la stratégie thérapeutique. Les patients présentant une mutation de CALR, CSF3-R seront également sensibles aux inhibiteurs de Jak2, l'avenir nous dira l'intérêt d'un suivi moléculaire.

Nouvelles cibles

D'autres mutations ont été décrites dans les SMP : TET2, ASXL1, CBL, LNK, EZH2, IDH1/2, SF3B1, SRSF2, IKZF1 [18].
Une étude internationale analysant plus de 800 cas de MFP a mis évidence le rôle pronostique péjoratif en terme de survie ou de risque de transformation aiguë, de la mutation d'au moins un de ces quatre gènes ASXL1 (22 %), SRSF2 (9 %), IDH1/2 (3 %) et EZH2 (5 %) indépendamment du score DIPSS+. La mutation ASXL1 serait la plus pertinente pour identifier les patients candidats potentiels à la greffe allogénique, notamment dans le groupe IPSS/DIPSS+ modéré [19]. Tefferi a montré que la mutation CAL-R a un impact favorable sur la survie, indépendamment de ASXL1 et du score DIPSS+ [20].

Syndromes lymphoprolifératifs à cellules B matures

Classification, oncogenèse et thérapeutique

La leucémie lymphoïde chronique (LLC) est le plus fréquent des Syndromes Lymphoprolifératifs chroniques (SLP). Elle se caractérise par la prolifération monoclonale d'une population de lymphocytes B matures qui envahissent le sang, les organes lymphoïdes et la moelle. C'est la leucémie de l'adulte la plus fréquente : son incidence est de à 3 à 8 / 100 000 habitants/an. Elle représente 30 % des leucémies de l'adulte et 70 % des patients ont plus de 65 ans.
L'origine de la cellule leucémique de LLC n'est pas encore clairement définie. L'accumulation anormale de lymphocytes résulte à la fois d'une résistance à l'apoptose et d'un excès de prolifération. Ces deux facteurs sont la conséquence d'anomalies moléculaires mais également de l'interaction de la cellule avec son micro-environnement [21].
L'abstention thérapeutique est habituelle chez les patients présentant une LLC de stade A de la classification de Binet, alors que les patients avec LLC évolutive nécessitent de principe un traitement. Actuellement le choix du traitement de première ligne repose sur l'âge, les comorbidités et la cytogénétique. Le traitement « standard » de première ligne chez les patients en bon état général repose sur l'association d'un analogue des purines (Fludarabine), d'un alkylant (Cyclophosphamide) et d'un anti-CD20 (Rituximab) [22]. Le développement récent d'inhibiteurs de tyrosine kinase inhibant la voie du BCR (B-cell receptor) tels l'Ibrutinib et l'Idelalisib pourrait faire rapidement évoluer les stratégies thérapeutiques.

Diagnostic

Une LLC doit être évoquée de principe devant toute hyperlymphocytose persistante chez les sujets de plus de 60 ans. Le diagnostic repose sur le frottis sanguin et l'immunophénotypage des lymphocytes sanguins par cytométrie en flux. Les lymphocytes ont classiquement une morphologie typique de petits lymphocytes matures et la présence d'ombres cellulaires appelées ombres de Gümprecht est caractéristique. L'immunophénotypage de la population lymphocytaire circulante par cytométrie en flux est indispensable ; le profil d'expression des marqueurs membranaires et intra-cytoplasmiques permet de confirmer le caractère monoclonal de l'hyperlymphocytose et le calcul du score RMH (anciennement score de Matutes) permet de différencier la LLC des autres syndromes lymphoprolifératifs [1]. Le diagnostic de LLC peut être posé de façon formelle en cas d'hyperlymphocytose monoclonale supérieure à 5 G/L avec un score RMH supérieur ou égal à 4.

Pronostic

Si le diagnostic est aisé à établir, l'évolution individuelle est extrêmement variable. Certains patients ont une espérance de vie normale sans traitement tandis que d'autres meurent en moins de 5 ans malgré un traitement intensif, ce qui a rendu indispensable la recherche de marqueurs cliniques ou biologiques permettant de prédire l'évolution de la LLC. La classification de Binet reposant sur l'examen clinique et les données de l'hémogramme est le premier index pronostic décrit en 1981, et cette classification est toujours utilisée. De nombreux autres facteurs pronostiques ont par la suite été évalués : marqueurs sériques (beta-2microglobuline (β2m) et Tyrosine Kinase), anomalies cytogénétiques (delétions : del17(p13), del11(q22.23), del13(q14.3) ou trisomie12), marqueurs immunophénotypiques (CD38, ZAP70) et enfin les marqueurs moléculaires (statut mutationnel du gène de la chaîne lourde des Immunoglobulines (IGH), analyse des mutations de TP53). Devant la multiplication des facteurs pronostiques, l'IWCLL a émis en 2008 des recommandations sur la prescripton des facteurs pronostiques (22). Si aucun examen pronostique n'est recommandé au moment du diagnostic, le dosage de la β2m et l'étude de l'expression du CD38 sont habituellement réalisés en pratique courante. En revanche, une analyse cytogénétique avec recherche de délétion 17p par FISH (Fluorescence In Situ Hibridization) est indispensable avant l'instauration d'un traitement. car est prédictive d'une résistance à la fludarabine. Les autres facteurs notamment les facteurs moléculaires ne sont évalués que dans le cadre d'essais thérapeutiques.

L'exploration du statut mutationnel consiste à séquencer la région variable (VH) du gène de la chaîne lourde des immunoglobulines (IGH) et à comparer la séquence obtenue à la séquence VH de référence. La présence d'au moins 2 % de mutations classe le réarrangement productif dans la catégorie « muté », une homologie de plus de 98 % dans la catégorie « non muté ». On retrouve environ

50 % de chacune de ces deux catégories. La technique est longue et nécessite une expertise. Néanmoins, la publication des recommandations de l'ERIC (European Research Initiative on CLL) [23] et la disponibilité d'un logiciel d'analyse via internet en a simplifié la réalisation et l'interprétation. Hamblin montrait pour la première fois en 1999 que le statut mutationnel des immunoglobulines « muté » et « non muté » permettait de différencier deux groupes de patients LLC stade A ayant respectivement une survie de 293 et 95 mois [24].
La recherche d'une délétion de TP53 par FISH (del17p) est positive dans 3 à 5 % des LLC lors d'un premier bilan pré-thérapeutique. Le séquençage de TP53 est complémentaire de cette analyse mais n'est pas systématique et plutôt réservé aux LLC réfractaires. En effet une mutation de TP53 non détectée en FISH est retrouvée chez environ 5 % des patients. À ce jour les recommandations de l'ERIC sont de séquencer les exons 5 à 9 [25]. L'analyse de cette région permet d'identifier plus de 95 % des mutations. Une mutation ou une délétion de TP53 est associée à une survie globale plus courte (29 versus 84 mois) [26]. Le groupe coopératif français sur la LLC (FCGCLL) a proposé en 2010 un score pronostique pour les patients présentant une LLC de stade A au diagnostic [27]. Dans cette étude, l'ensemble des facteurs pronostiques a été analysé pour 339 LLC de stade A. En analyse multivariée, seuls quatre facteurs restent significatifs : lymphocytose, β2m, CD38 et Tyrosine Kinase. La présence de moins de deux de ces facteurs prédit une survie sans traitement de 7 ans versus 16 mois pour les patients présentant au moins 2 facteurs.

Suivi thérapeutique

Le suivi des patients après traitement repose sur l'examen clinique, l'hémogramme et l'imagerie (scanner). Le clone leucémique résiduel pourrait être quantifié en théorie par l'analyse du réarrangement des immunoglobulines. En réalité c'est la CMF, dont le seuil de sensibilité atteint 10^{-4} (4 couleurs) jusque 10^{-6} (8 couleurs), qui s'avère être la méthode de choix pour apprécier la profondeur de la réponse thérapeutique et prédire la survie globale [30]. À ce jour la MRD des LLC n'est pas encore décisionnelle pour modifier un traitement et n'est pas réalisée en dehors d'essais thérapeutiques [28].

Nouvelles cibles

De nouvelles cibles comme NOTCH1, BIRC3, SF3B1 ont été récemment identifiées [29]. La valeur pronostique péjorative de ces trois mutations, a été évaluée dans un modèle intégrant l'ensemble des marqueurs moléculaires et cytogénétiques. Quatre nouveaux sous-groupes pronostiques de risque ont été identifiés : élevé (anomalie de TP53 et/ou BIRC3), intermédiaire (mutation de NOTCH1 et/ou SF3B1), faible (+12 ou absence de mutation) et très faible (del13(q14)) avec une survie à 10 ans respectivement de 29, 37, 57 et 69 % [30].

La mutation de MYD88 L265P est retrouvée dans 5-8 % des LLC et n'a pas de valeur pronostique. En revanche elle est retrouvée dans près de 90 % des macroglobulinémies de Waldenström. Son impact sur la présentation clinique, son rôle favorable sur le pronostic et comme cible thérapeutique potentielle ont été décrits récemment [31].

Leucémies aiguës

Classification, oncogenèse et thérapeutique

La leucémie aiguë (LA) est une prolifération clonale se développant à partir d'une cellule souche hématopoïétique ou d'un progéniteur, bloqué à un stade très immature. Le diagnostic est évoqué devant des signes cliniques d'insuffisance médullaire secondaire à cette expansion des cellules tumorales ou devant un hémogramme montrant une hyperleucocytose avec blastose. Le diagnostic est confirmé par l'identification de blastes dans la moelle avec un seuil minimal variable selon la LA. L'immunophénotypage permet de distinguer la nature lymphoïde (LAL B ou T) ou myéloïde (LAM). Le caryotype médullaire fait partie du bilan diagnostique. Il est nécessaire pour identifier les anomalies chromosomiques de ploïdie et/ou de structure. Une congélation des cellules leucémiques est indispensable. En effet le choix des cibles moléculaires à analyser est orienté a posteriori, selon la cytologie, l'immunophénotypage et le caryotype.

Les anomalies génétiques impliquées dans les LAL et LAM sont multiples et altèrent principalement la capacité de régulation de l'auto- renouvellement et/ou de la différenciation.

Le challenge est de définir pour chaque patient la thérapeutique la plus adaptée en terme de bénéfice-risque : chimiothérapie plus ou moins intensive, allogreffe en rémission complète, abstention thérapeutique, thérapeutique ciblée et/ou thérapeutique innovante, agents hypométylant dans les LAM. Récemment le décryptage des processus moléculaires de leucémogénèse ont permis le développement de nouvelles thérapeutique ciblées que ce soit dans les LAM (inhibiteurs de FLT3 et autres) ou les LAL (inhibiteurs de la voie NOTCH, de la voie PI3K-AKT et autres).

Leucémies aiguës lymphoïdes

Diagnostic

Le diagnostic est porté sur la présence de blastes et sur l'immunophénotypage. Aucune limite inférieure du pourcentage de blastes n'est consensuelle pour définir le diagnostic de LALB mais en pratique le seuil de 20 % est préconisé. Dans la classification OMS 2008 des LAL, un groupe de LAL B « avec anomalies récurrentes » incluant la t(9;22)(q34;q11.2), t(v;11q23) MLL réarrangé, t(12;21)(p13;q22), hyperdiploïdie, hypodiploïdie, t(5;14)(q31;q32) et la t(1;19)(q23;p13.3) est individualisé. Ces anomalies sont dépistées sur le caryotype ou par biologie moléculaire. Pour certaines elles font partie des critères pronostiques. Les anomalies cytogénétiques récurrentes des LAL-T n'ont pas été associées à des groupes spécifiques.

Pronostic

Le pronostic des LAL de l'enfant s'est beaucoup amélioré pour atteindre une survie globale à 5 ans > 80 % alors que pour l'adulte celle-ci ne dépasse pas actuellement 40-50 %. Malgré les progrès dans la prise en charge thérapeutique, 25 % des patients adultes rechutent avec une probabilité de guérison minime. Différents facteurs pronostiques sont utilisés pour définir les groupes de risques : bon, intermédiaire et mauvais (32). Ces facteurs pronostiques sont présents au diagnostic : facteurs cliniques (âge, leucocytose, atteinte du SNC), facteurs cytogénétiques et/ou moléculaires (tableau II), alors que d'autres sont associés à la réponse au traitement : corticosensibilité, maladie résiduelle (moléculaire ou par CMF).

Tableau II – Classification pronostique des anomalies génétiques au diagnostic des Leucémies Aiguës Lymphoblastiques de l'enfant selon l'EORTC

Groupe pronostique	Anomalies génétiques
Très bon	Hyperploïdie à 54-66 chromosomes
Bon	t(12;21) hyperdiploïdie >50 avec trisomie 4, 10 et 17
Intermédiaire	t(1;19) et/ou E2A-PBX
Haut risque	t(9;22) et/ou BCR-ABL t(4;11) et/ou AF4-MLL Réarrangement de MLL <34 chromosomes (near-haploïdie) 35-43 chromosomes (hypodiploïdie) et near-triploïdie amplification du chromosome 21q

Nouvelles cibles

Parmi les nouvelles anomalies moléculaires identifiées récemment dans les LALB, les délétions d'IKZF1 (IKAROS) retrouvées dans 28 % des LALB BCR-ABL- et 80 % des LAL B BCR-ABL+ sont associées à un mauvais pronostic [33]. Les pédiatres ont décrit récemment une entité particulière représentant 5-10 % des LALB : les LAL BCR-ABL like, parce qu'elles présentent un profil d'expression génique identique à celui des LAL BCR-ABL+. Les anomalies moléculaires associées à ce profil sont des mutations d'IKAROS (dans 50 % des cas), de CRLF2, de JAK2, de PDGFRb... [34]. Le risque de rechute de ce groupe est particulièrement élevé ; on y retrouve des LAL réfractaires aux traitements classiques. En revanche, elles sont sensibles aux inhibiteurs de tyrosine kinase.

Les LAL T sont considérées comme de moins bon pronostic chez les enfants, de pronostic équivalent chez les adultes. En 2013, le GRAAL (Groupe de Recherche sur les LAL de l'Adulte) a démontré l'impact pronostique majeur de quatre gènes. La présence de mutation de NOTCH1 et/ou de FBXW7 en l'absence de mutation de N/K RAS et/ou de PTEN permet de définir une groupe de 50 % de patients de bon pronostique (survie globale à 5 ans de 82 % *versus* 44 %) [35].

Le développement des techniques de NGS (ADN ou RNA seq), de CGH arrays, peut permettre d'envisager la recherche de ces anomalies en routine et impacter sur la prise en charge thérapeutique notamment la décision de greffe allogénique en première ligne et/ou l'adjonction de thérapeutique ciblées.

Suivi thérapeutique

Le marqueur moléculaire commun à toutes les LAL (T ou B) est le réarrangement clone-spécifique des gènes codant pour les chaînes lourdes des immunoglobulines ou pour les différentes chaînes du récepteur T pour l'antigène (MRD IG-TCR). Il est mesuré par PCR quantitative sonde spécifique (ASO-PCR en temps réel) et doit atteindre une sensibilité au moins égale à 10^{-4}. Actuellement la MRD des IG-TCR est regroupée dans six centres « référents » financés par l'INCA.

Concernant les LAL de l'enfant, le protocole actuel de l'EORTC préconise l'évaluation de la MRD en post-induction et post-consolidation. Les valeurs de MRD définissant des patients mauvais répondeurs sont $>10^{-2}$ et/ou $>10^{-3}$ respectivement pour la MRD1 (post-induction) et la MRD2 (postconsolidation). Les patients initialement non classés dans le groupe de haut risque seront alors reclassés dans ce groupe et seront candidats à l'allogreffe.

Concernant les LAL de l'adulte, le GRAALL a publié en 2014 une étude portant sur une analyse rétrospective des facteurs pronostiques des LAL B et T BCR-ABL- en première rémission complète [36]. L'analyse a porté sur 860 patients traités selon un schéma inspiré des protocoles pédiatriques. Les auteurs ont montré l'impact de facteurs moléculaires pronostiques indépendants sur le risque cumulé de rechute, l'EFS et l'OS. Les LAL B de pronostic défavorable sont les LALB avec une MRD IG-TCR post-induction $\geq$ à 10^{-4} ou un réarangement de MLL ou une délétion d'IKZF1. Les LALT de pronostic défavorable sont les LAL non mutées pour NOTCH1 et/ou FBXW7 et mutées pour K/N

RAS et/ou PTEN. Ces facteurs remplacent tous les facteurs de risques classiques (à l'exception deu réarrangement de MLL identifiable par FISH) et seront décisionnels dans le prochain protocole français des LAL de l'adulte.

Leucémies aiguës myéloïdes

Diagnostic

La dernière classification OMS 2008 des LAM prend en compte les anomalies cytogénétiques et/ou moléculaires qui constituent un des 7 groupes de LAM : le groupe des LAM avec anomalie génétique récurrente (tableau III). La présence d'une anomalie de CBF (t(8;21)(q22;q22) ou inv(16)(p13;1q22) ou t(16;16)(q13.1;q22)) ou un remaniement impliquant RARα (15q12) sont suffisants pour poser le diagnostic, quelle que soit la blastose médullaire ou sanguine (contre ≥ 20 % pour les autres entités).

Tableau III – Classification OMS 2008 des Leucémies Aiguës Myéloïdes [1]

Groupe	Description
1	**LAM avec anomalie cytogénétique récurrente** t(8;21)(q22;q22) et/ou RUNX1-RUNX1T1 Inv(16)(p13.1;q22) ou t(16;16)(p13.1;q22) et/ou CBFB-MYH11 t(15;17)(q22;q12) et/ou PML-RARA ou variants t(9;11)(p22;q23) et/ou MLLT3-MLL ou autre anomalie de MLL t(6;9)(p23;q34) et/ou DEK-NUP214 inv(3)(q21;q26.2) ou t(3 ;3)(q21 ;q26.2) et/ou RPN1-EVI1 t(1;22)(p13;q13) et/ou RBM15-MKL1 **LAM avec mutation génique : NPM1, FLT3, CEBPa etc.**
2	LAM avec des signes de myélodysplasies
3	LAM secondaire à une thérapeutique
4	Sarcome myéloïde
5	Prolifération myéloïde liée à la trisomie 21
6	Néoplasie à cellules dendritiques blastiques plasmacytoïdes
7	LAM non associés à un des groupes ci-dessus = sans spécificité particulière

Pronostic

Il existe plusieurs facteurs pronostiques : ceux liés au patient, à la maladie, à la tumeur, à la réponse au traitement. Au diagnostic : l'âge (> 60 ans), un « performance status » (PS) > 2, une leucocytose > 30G/L, le caractère secondaire de la LAM, sont des critères de mauvais pronostic démontrés. Le caryotype des cellules leucémiques s'est révélé être l'élément pronostique majeur de la réponse initiale au traitement (rémission complète après induction ou RC) et du risque de rechute. Les anomalies cytogénétiques qui constituent les 3 groupes pronostiques (favorable, intermédiaire et défavorable) sont listées dans le tableau IV-A [37]. C'est l'hétérogénéité du groupe intermédiaire dont 65 %

des patients présentaient un caryotype normal (LAM-CN) qui a conduit à utiliser de nouveaux facteurs pronostiques moléculaires. L'ELN a proposé de reclasser les caryotypes normaux en fonction des anomalies des gènes NPM1, FLT3-ITD et CEBP alpha (tableau IV-B) [38]. L'influence négative d'une mutation ITD de FLT3 sur les patients NPM1 mutés reste encore débattue même si elle semble démontrée pour les charges alléliques (ratio Muté/WT) élevé et plutôt pour les patients jeunes. Le critère CEBPalpha muté a évolué, limitant le caractère de bon pronostique aux doubles mutations [39]. Selon les quatre groupe pronostiques définis par l'ELN, le choix du traitement (chimio versus allogreffe ou chimio versus palliatif) se fera en fonction du bénéfice risque exprimé en terme de survie globale à 5 ans [40].

Suivi thérapeutique

L'évaluation de la MRD (en post-rémission) permet de définir le choix du traitement de consolidation et (en fin de traitement) d'évaluer l'efficacité du traitement et le risque de rechute. Actuellement en France, seules les MRD réalisées pour les LAM du groupe de bon pronostic (LAM CBF et LAM3) sont décisionnelles.

Dans le protocole incluant les LAM CBF du sujet jeune des groupes ALFA et GOELAMS, le transcrit de fusion RUNX1T1- RUNX1 de la t(8;21) ou CBFB-MYH11 de l'inv(16) étaient les marqueurs de suivi de la maladie résiduelle. Le point MRD2 (avant le second bloc de consolidation) était décisionnel : pour les patients présentant un taux de décroissance du transcrit de moins de 3 log (ou moins d'un facteur 1 000) : la chimiothérapie intensive devait être abandonnée au profit d'une allogreffe (si donneur) ou d'une thérapeutique ciblée (Dasatinib). L'analyse rétrospective du protocole a montré la valeur pronostique de la MRD2 (> ou < 3 log) significative en terme de rechute (22 % versus 54 %) et de survie sans rechute (73 % versus 44 %).

Les mutations de cKIT (D816 ou D419) ou de FLT3 se sont avérées être des facteurs péjoratifs en analyse univariée ; en analyse multivariée, seule la MRD2 a gardé un impact pronostique indépendant sur le survie [41].

Dans le protocole incluant les LAM3, le transcrit de fusion PLM-RARA permet le suivi de la maladie résiduelle et sa réapparition est associée à une probabilité forte de rechute. Un traitement de la rechute diagnostiquée au stade moléculaire est préconisé [42].

En dehors des LAM du groupe favorable, les transcrits de fusion sont rares et de ce fait non exploités pour la suivi de la MRD. Les deux autres marqueurs les plus fréquents sont : l'hyperexpression de WT1 (80 % des LAM si l'on se contente d'une sensibilité minimale de 10^{-3}) et la mutation de NPM1. (30 % des LAM dont 50 % des LAM à caryotype normal). Plus de 40 mutations différentes de NPM1 ont été identifiées dans l'exon 12 dont 3 majeures permettant le suivi de la MRD pour 90 % des patients mutés avec une sensibilité de 10^{-5}. Buccisano en 2012 insiste sur l'hétérogénéité des publications concernant la MRD : hétérogénéité des valeurs seuils, de la nature des points de suivi ou des objectifs (évaluation du risque de rechute en fin de traitement ou critères de choix de la stratégie en post-rémission) [43]. Le futur protocole français des LAM (GOELAMS/ALFA) préconisera une greffe allogénique aux patients dont la MRD NPM1 postconsolidation n'aura pas atteint le ratio de 0,1 %.

Nouvelles cibles

L'approche NGS a permis d'identifier des mutations influençant le pronostic, comme les mutations des gènes DNMT3A, IDH1/IDH2, ASXL1, MLL-PTD, TP53, RUNX1 ou TET2. Certaines équipes ont associé ces facteurs cytogénétiques et moléculaires dans des « classifications pronostiques « intégrées » [44] voire même ont proposé de remplacer la classification de l'ELN par une classification pronostique purement moléculaire, selon eux plus discriminante (tableau IV-C) [45]. Ces mutations ne sont pas encore décisionnelles en pratique clinique, ceci s'expliquant probablement par la discordance des résultats, imputable à l'hétérogénéités des traitements et des cohortes, au caractère retrospectif des études ou aux biais statistiques. Avec l'utilisation du NGS, l'analyse d'un panel de gènes d'intérêt devrait néanmoins se généraliser. Le rôle prédictif sur la sensibilité au traitement de certaines de ces mutations deviendra un élément utile dans la prise en charge thérapeutique. Ainsi a-t-on montré une association entre les mutations des gènes impliqués dans la régulation épigénétique et la transcription (DNMT3A ou IDH1/2) et la sensibilité aux agents hypométhylants, thérapeutique de choix des LAM de mauvais pronostic et non elligible à la greffe [46].

Syndromes myélodysplasiques

Classification, oncogénèse et thérapeutique

Les Myélodysplasies (SMD) sont un groupe hétérogène constitué de différentes entités [1]. La physiopathologie est complexe, mettant en cause à la fois des anomalies intrinsèques des progéniteurs myéloïdes et des anomalies du microenvironnement médullaire. Les anomalies moléculaires génétiques à l'origine des SMD sont restées longtemps mal connues. Avec l'avènement du NGS, aux mutations déjà répertoriées comme N-Ras (10-15 %) ou TP53 (5 %), ont été associés les anomalies de gènes impliqués dans la régulation épigénétique de la transcription (TET2, ASXL1, EZH2, DNMT3A,IDH1/2...) ou dans la machinerie de l'épissage des ARN (SRSF2, SF3B1, U2AF1, ZRSR2 ...). La fréquence des mutations des gènes du splicéosomes justifie le qualificatif parfois employé de « maladie de l'épissage » attribué aux SMD [47].

Tableau IV – Groupes pronostiques des leucémies aiguës myéloïdes selon le modèle cytogénétique (A), le modèle cytogénétique et moléculaire (B) ou un modèle moléculaire (C) [37, 38, 45].

A. Modèle cytogénétique (MRC)			B. Modèle cytogénétique + moléculaire ELN (Döhner)				C. Modèle moléculaire seul (Grosmann)		
Groupes pronostiques	**Anomalies cytogénétiques**	**% OS à 5 ans**	**Groupes pronostiques**		**Moléculaires**	**% OS à 3 ans**	**Groupes pronostiques**	**Anomalies moléculaires**	**% OS à 3 ans**
Favorable	t(8;21) inv(16) t(15;17)	**62,5**	**Favorable**	t(8;21) inv(16) t(15;17)		**64,1**	**Très favorable**	PML-RARA CEBPalpha double muté	**82,9**
				caryotype normal	NPM1muté et FLT3-ITD- ou CEBPa muté		**Favorable**	RUNX1-RUNX1T1 CBFb-MYH11 NPM1mut-FLT3-ITD neg	**62,6**
Intermédiaire	cartyotype normal autre(s) anomalie(s) ni favorable(s) ni défavorable(s)	**50**	**Intermédiaire I**	caryotype normal	NPM1 muté et FLT3-ITD+ NPM WT et FLT3-ITD + ou –	**45,8**	**Intermédiaire**	CEBPa simple muté FLT3-ITD+ NPM1muté-FLT3-ITD+	**44,2**
			Intermédiaire II	autre(s) anomalie(s) ni favorable(s) ni défavorable(s) ou **t(9;11)**		**37,7**			
Défavorable	anomalie 3q −7 del5q/−5 t(9;22) t(6;9) caryotype complexe = (> ou = 5 anomalies) anomalie MLL	**19**	**Défavorable**	anomalie 3q −7 del5q/-5 t(6;9) réarrangement de MLL **sauf la t(9;11)** caryotype complexe > **ou = 3 anomalies** **anomalie 17p**		**21,5**	**Défavorable**	MLL-PTD RUNX1 muté ASXL1 muté	**21,9**
							Très défavorable	P53 muté	**0**

Schématiquement, l'EPO est le traitement de première ligne des SMD de faible risque, le Lenalidomide est efficace pour traiter les SMD avec délétion 5q- isolée ou associée, des agents hypométhylant (type 5-Azacytidine ou Décitabine) sont préconisés pour les SMD de haut risque, voire une greffe allogénique [48].

Diagnostic

Le diagnostic est suspecté sur l'hémogramme, devant une ou plusieurs cytopénies (le plus souvent une anémie macrocytaire arégénérative). Le myélogramme est indispensable au diagnostic : en général, la moelle est riche, associée à une dysplasie sur une ou plusieurs lignées) et à la présence ou non d'un excès de blastes. Dans la classification OMS 2008, l'analyse moléculaire n'entre pas encore dans les critères diagnostique d'un SMD. Récemment la mutation SF3B1 a été retrouvée dans 90 % des cas d'anémie réfractaires sidéroblastique [47].

Pronostic

En 2012 un nouveau score pronostique, l'IPSS-R a été publié [49]. Ce score prend en compte le pourcentage de blastes médullaires comme les scores précédents, et renforce l'impact des anomalies cytogénétiques, ainsi que l'importance des cytopénies. Les 5 groupes qu'il individualise sont associés à la survie globale médiane (de 0,7 à 9 ans) et au risque de transformation aiguë en LAM. Son rôle dans le choix des modalités thérapeutiques n'est pas encore défini. Un score pronostique incluant les anomalies moléculaires (IPSS-Mol) devrait être publié incessamment.

Une étude publié en 2011 par Bejar a montré qu'une mutation de l'un des 5 gènes suivants : TP53, EZH2, ETV6, RUNX1/ASXL1, conférait un mauvais pronostic en terme de survie indépendamment du score IPSS [50].

Sur le plan thérapeutique, une recherche de mutation de TP53 est préconisée dans les SMP 5q-. Il a été montré qu'elle est un facteur prédictif indépendant d'une moindre sensibilité au traitement par le Lénalidomide dont le mécanisme d'action est TP53 dépendant [51]. D'autres études sont publiées ou en cours, elles visent à identifier les facteurs moléculaires prédictifs de la réponses aux traitements ciblées comme les agents hypométylant ou les nouvelles thérapeutiques en développement ciblant le spliceosome.

Conclusion et perspectives

La biologie moléculaire est devenue nécessaire voire indispensable pour le diagnostic, l'évaluation pronostique, le choix d'une stratégie thérapeutique et le suivi en cours de traitement dans le domaine des hémopathies malignes. Dans ce contexte, le rôle des tumorothèques est primordial afin de recueillir et conserver dans de bonnes conditions le matériel biologique en quantité suffisante. De même, le développement de plateformes régionales de génétique moléculaire des cancers permettra de bénéficier des avancées technologiques et bio-informatiques et de standardiser les résultats. La quantification de la maladie résiduelle (MRD) est amenée à devenir un marqueur pronostique majeur, influant de plus en plus la stratégie thérapeutique. En effet, elle prend en compte l'hétérogénéité liée au patient et à la tumeur: sensibilité intrinsèque de la tumeur, pharmacodynamie et pharmacogénomique. La standardisation de la technique employée (cytométrie en flux ou biologie moléculaire) ainsi que du rendu des résultats (sensibilité, reproductibilité) sont une étape indispensable à l'essor de la MRD.

Pour les biologistes moléculaires les années à venir seront un véritable défi technologique à mettre au service du patient. L'avènement de nouvelles techniques de biologie moléculaire comme le NGS a permis la découverte sans cesse renouvellée de nouvelles anomalies, constituant autant de nouvelles cibles thérapeutiques potentielles [52]. Le NGS a apporté des éléments de preuves de l'hétérogénéité clonale d'une hémopathie : à l'avenir, la présence de sous-clones pourra être associée soit au pronostic, soit à la décision thérapeutique visant à anticiper une chimiorésistance [53]. L'évaluation de la pertinence de ces nouvelles données ainsi que leur intérêt pour le patient représentent un challenge à la fois pour les biologistes moléculaires et les cliniciens qui devront répondre à ces questions.

Références

1. WHO Classification of Tumours of Haematopoietic and Lymphoid Tissue (IARC WHO Classification of Tumours) by The International Agency for Research on Cancer. S. Swerdlow, E. Campo, N. Lee Harris, E.S. Jaffe, S.A. Pileri, H. Stein, J. Thiele and J.W. Vardiman (Editors)
2. Baccarani M, Deininger MW, Rosti G, *et al.* (2013) European LeukemiaNet recommendations for the management of chronic myeloid leukemia. Blood 122: 872-84
3. Hughes T, Deininger M, Hochhaus A, *et al.* (2006) Monitoring CML patients responding to treatment with tyrosine kinase inhibitors: review and recommendations for harmonizing current methodology for detecting BCR-ABL transcripts and kinase domain mutations and for expressing results. Blood 108: 28-37
4. Mahon FX, Réa D, Guilhot J, *et al.* (2010) Discontinuation of imatinib in patients with chronic myeloid leukaemia who have maintained complete molecular remission for at least 2 years: the prospective, multicentre Stop Imatinib (STIM) trial.Lancet Oncol.11: 1029-35
5. Rousselot P, Charbonnier A, Cony-Makhoul P, *et al.* (2014) Loss of major molecular response as a trigger for restarting tyrosine kinase inhibitor therapy in patients with chronic-phase chronic myelogenous leukemia who have stopped imatinib after durable undetectable disease. J Clin Oncol 32: 424-30
6. Cross NC, White HE, Müller MC, *et al.* (2012) Standardized definitions of molecular response in chronic myeloid leukemia. Leukemia 26: 2172-5
7. James C, Ugo V, Le Couédic JP, *et al.* (2005) A unique clonal JAK2 mutation leading to constitutive signalling causes polycythaemia vera. Nature 434: 1144-8

8. Tefferi, A. (2013) Polycythemia vera and essential thrombocythemia: 2013 update on diagnosis, risk-stratification, and management. Am. J. Hematol. 88: 507–516
9. Tefferi A. (2013) Primary myelofibrosis: 2013 update on diagnosis, risk-stratification, and management. Am J Hematol.88:141-50 (Erratum in: Am J Hematol. 88: 437-45)
10. Klampfl T, Gisslinger H, Harutyunyan AS, et al (2013) Somatic mutations of calreticulin in myeloproliferative neoplasms. N Engl J Med 369: 2379-2390
11. Kouroupi E, Kiladjian JJ, Dosquet C, *et al.* (2012) Does increasing the JAK2V617F assay sensitivity allow to identify more patients with MPN? Blood Cancer J. 2 :e70.
12. Jovanovic JV, Ivey A, Vannucchi AM, *et al.* (2013) Establishing optimal quantitative-polymerase chain reaction assays for routine diagnosis and tracking of minimal residual disease in JAK2-V617F-associated myeloproliferative neoplasms: a joint European LeukemiaNet/MPN&MPNr-EuroNet (COST action BM0902) study. Leukemia 27: 2032-9
13. Hussein K, Bock O, Theophile K, *et al.* (2009) JAK2(V617F) allele burden discriminates essential thrombocythemia from a subset of prefibrotic-stage primary myelofibrosis. Exp Hematol 37: 1186-1193
14. Tefferi A, Thiele J, Vannucchi AM, *et al.* (2014) An overview on CALR and CSF3R mutations and a proposal for revision of WHO diagnostic criteria for myeloproliferative neoplasms. Leukemia. [epub ahead of print]
15. Barbui T, Finazzi G and Anna Falanga (2013). Myeloproliferative neoplasms and thrombosis. Blood 122: 2176-2184
16. Rumi E, Pietra D, Ferretti V, *et al.* (2014) JAK2 or CALR mutation status defines subtypes of essential thrombocythemia with substantially different clinical course and outcomes. Blood. 123: 1544-51
17. Guglielmelli P, Barosi G, Specchia G, *et al.* (2009) Identification of patients with poorer survival in primary myelofibrosis based on the burden of JAK2V617F mutated allele. Blood.114: 1477-8
18. Vainchenker W, Delhommeau F, Constantinescu SN, Bernard OA (2011) New mutations and pathogenesis of myeloproliferative neoplasms. Blood. 118: 1723-35
19. Vannucchi AM, Lasho TL, Guglielmelli P, *et al.* (2013) Mutations and prognosis in primary myelofibrosis. Leukemia 27: 1861-1869.
20. Tefferi A, Lasho TL, Finke CM, *et al.* (2014) CALR vs JAK2 vs MPL-mutated or triple-negative myelofibrosis: clinical, cytogenetic and molecular comparisons. Leukemia. [epub ahead of print].
21. Herishanu Y, Katz BZ, Lipsky A and Wiestner A (2013) Biology of Chronic Lymphocytic Leukemia in Different Microenvironments: Clinical and Therapeutic Implications Hematol Oncol Clin North 27: 173–206
22. Hallek M, Cheson BD, Catovsky D, *et al.* (2008) Guidelines for the diagnosis and treatment of chronic lymphocytic leukemia: a report from the International Workshop on Chronic Lymphocytic Leukemia updating the National Cancer Institute-Working Group 1996 guidelines. Blood 111: 5446-5456
23. Langerak AW, Davi F, Ghia P, *et al.* (2011) European Research Initiative on CLL (ERIC). Immunoglobulin sequence analysis and prognostication in CLL: guidelines from the ERIC review board for reliable interpretation of problematic cases. Leukemia 25: 979-84
24. Hamblin TJ, Davis Z, Gardiner A, *et al.* (1999) Unmutated Ig V(H) genes are associated with a more aggressive form of chronic lymphocytic leukemia. Blood 94: 1848-54
25. Pospisilova S, Gonzalez D, Malcikova Jv (2012) European Research Initiative on CLL (ERIC). ERIC recommendations on TP53 mutation analysis in chronic lymphocytic leukemia. Leukemia 26: 1458-61
26. Zenz T, Eichhorst B, Busch R, *et al.* (2010) TP53 mutation and survival in chronic lymphocytic leukemia. J Clin Oncol. 28: 4473-9
27. Letestu R, Lévy V, Eclache V, *et al.* (2010) Prognosis of Binet stage A chronic lymphocytic leukemia patients: the strength of routine parameters.Blood. 116: 4588-90

28. Böttcher S, Ritgen M, Fischer K, *et al.* (2012) Minimal residual disease quantification is an independent predictor of progression-free and overall survival in chronic lymphocytic leukemia: a multivariate analysis from the randomized GCLLSG CLL8 trial. J Clin Oncol. 30: 980-8
29. Puente XS, Pinyol M, Quesada V, Conde L (2011) Whole-genome sequencing identifies recurrent mutations in chronic lymphocytic leukaemia. Nature. 475: 101-5
30. Rossi D, Rasi S, Spina V, *et al.* (2013). Integrated mutational and cytogenetic analysis identifies new prognostic subgroups in chronic lymphocytic leukemia. Blood [epub ahead of print]
31. Treon SP, Cao Y, Xu L, *et al.* (2014) Somatic mutations in MYD88 and CXCR4 are determinants of clinical presentation and overall survival in Waldenstrom macroglobulinemia. Blood 123: 2791-6
32. Schultz KR, Pullen DJ, Sather HN, *et al.* (2007) Risk- and response-based classification of childhood B-precursor acute lymphoblastic leukemia: a combined analysis of prognostic markers from the Pediatric Oncology Group (POG) and Children's Cancer Group (CCG). Blood. 109: 926-35
33. Mullighan GG (2012) The molecular genetic makeup of acute lymphoblastic leukemia. Hematology Am Soc Hematol Educ program 389-396
34. van der Veer A, Waanders E, Pieters R, *et al.* (2013) Independent prognostic value of BCR-ABL1-like signature and IKZF1 deletion, but not high CRLF2 expression, in children with B-cell precursor ALL. Blood 122: 2622-9
35. Trinquand A, Tanguy-Schmidt A, Ben Abdelali R, *et al.* (2013). Toward a NOTCH1/FBXW7/RAS/PTEN–Based Oncogenetic Risk Classification of Adult T-Cell Acute Lymphoblastic Leukemia: A Group for Research in Adult Acute Lymphoblastic Leukemia Study. JCO: 4333-4342
36. Beldjord K, Chevret S, Asnafi V, *et al.* (2014) Oncogenetics and minimal residual disease are independent outcome predictors in adult patients with acute lymphoblastic leukemia Blood [epub ahead of print]
37. Grimwade D, Walker H, Harrison G, *et al.* (2001).The predictive value of hierarchical cytogenetic classification in older adults with acute myeloid leukemia (AML): analysis of 1065 patients entered into the United Kingdom Medical Research Council AML11 trial. Blood 98: 1312-20
38. Döhner H, Estey EH, Amadori S, *et al.* (2010) Diagnosis and management of acute myeloid leukemia in adults: recommendations from an international expert panel, on behalf of the European LeukemiaNet. Blood 115: 453-74
39. Liersch R, Müller-Tidow C, Berdel WE, Krug U (2014) Prognostic factors for acute myeloid leukaemia in adults-biological significance and clinical use. Br J Haematol. 165: 17-38
40. Schlenk RF, Döhner H. (2013) Genomic applications in the clinic: use in treatment paradigm of acute myeloid leukemia. Hematology Am Soc Hematol Educ Program:324-30
41. Jourdan E, Noissel N, Chevert S, *et al.* (2013) Prospective evaluation of gene mutations and minimal residual disease (MRD) in patients with core binding factor acute myeloid leukemia (CBF-ALML). Blood, 121: 2213-23
42. Lengfelder E, Saussele S, Weisser A, *et al.* (2005) Treatment concepts of acute promyelocytic leukemia. Crit Rev Oncol Hematol. 56: 261-74
43. Buccisano F, Maurillo L, Del Principe MI, *et al.* (2012) Prognostic and therapeutic implications of minimal residual disease detection in acute myeloid leukemia. Blood 119: 332-41
44. Patel J, Mithat G, Figueroa M, *et al.* (2012) Prognostic relevance of integrated genetic profiling in acute myeloid leukemia.N Engl J Med 366: 1079-1089
45. Grossmann V, Schnittger S, Kohlmann A, *et al.* (2012) A novel hierarchical prognostic model of AML solely based on molecular mutations. Blood 120: 2963-72

46. Im A P, Sehgal A R , Carroll M P, *et al.* (2014) DNMT3A and IDH mutations in acute myeloid leukemia and other myeloid malignancies: associations with prognosis and potential treatment strategies. Leukemia [advance online publication]
47. Cazzola M, Della Porta M and Malcovati L (2013) The genetic basis of myelodysplasia and its clinical relevance Blood 122: 4021-4034
48. Garcia-Manero G (2012) Myelodysplastic syndromes: 2012 update on diagnosis, risk-stratification, and management. Am J Hematol 87: 692-7011
49. Greenberg PL1, Tuechler H, Schanz J, Sanz G, *et al.* (2012) Revised international prognostic scoring system for myelodysplastic syndromes Blood. 120: 2454-65
50. Bejar R, Stevenson K, Abdel-Wahab O, *et al.* (2011) Clinical effect of point mutations in myelodysplastic syndromes.N Engl J Med. 364: 2496-506
51. Sebaa A, Ades L, Baran-Marzack F, *et al.* (2012) Incidence of 17p deletions and TP53 mutation in myelodysplastic syndrome and acute myeloid leukemia with 5q deletion. Genes Chromosomes Cancer. 51: 1086-92
52. Kohlmann A, Grossmann V, Nadarajah N, *et al.* (2013) Next-generation sequencing - feasibility and practicality in haematology. Br J Haematol 160: 736-53
53. Stiehl T, Baran N, Ho AD, Marciniak-Czochra A (2014) Clonal selection and therapy resistance in acute leukaemias: mathematical modelling explains different proliferation patterns at diagnosis and relapse. J R Soc Interface 11: 20140079

Plateformes de génétique moléculaire des cancers

6

F. Nowak

La mise en évidence d'altérations moléculaires dans les cellules cancéreuses a permis, en décrivant mieux la maladie, d'identifier de nouvelles cibles thérapeutiques, puis de développer des thérapies ciblées contre celles-ci. L'exemple princeps est l'imatinib, utilisé pour le traitement des patients atteints de leucémie myéloïde chronique ou de leucémie aiguë lymphoblastique et dont les cellules tumorales sont porteuses d'une translocation de *BCR-ABL*. Ce traitement a révolutionné le traitement de la leucémie myéloïde chronique : 88 % des patients sont désormais en vie six ans après le diagnostic, contre 20 % avant l'arrivée de cette molécule [11]. Autre exemple : dans le traitement adjuvant du cancer du sein avec amplification de *HER2*, la prescription du trastuzumab réduit de 50 % le risque de récidive [2]. Par ailleurs, la mise en évidence d'autres altérations moléculaires permet d'expliquer la résistance de certains patients à des thérapies ciblées. Ainsi, les mutations de *KRAS* permettent de prédire la non-réponse au cétuximab et au panitumumab dans le cancer colorectal [3, 4]. La caractérisation moléculaire de la tumeur devient ainsi un critère déterminant dans le choix de la stratégie thérapeutique, qui ne repose plus seulement sur le type histologique et le stade de la maladie. Elle devient par ailleurs obligatoire dès lors que des molécules reçoivent une AMM restreinte à un sous-groupe de patients présentant une altération moléculaire spécifique dans leur tumeur. La mise à disposition de tests moléculaires à l'échelle nationale devient de ce fait un besoin de santé publique.

Défis à relever pour une implémentation nationale des tests moléculaires

La réalisation des tests moléculaires à l'échelle d'un pays nécessite de relever plusieurs défis. Les thérapies ciblées sont aujourd'hui utilisées dans plusieurs types de cancers, dont certains très fréquents, parmi lesquels le cancer du sein,

---

F. Nowak (✉) Institut national du cancer, 52, avenue André-Morizet, 92100 Boulogne-Billancourt – E-mail : fnowak@institutcancer.fr

Sous la direction de Jean-Louis Merlin, *Les biomarqueurs moléculaires en oncologie*
ISBN : 978-2-8178-0444-6,

le cancer du poumon et le cancer colorectal (tableau I). Il est ainsi nécessaire de fournir un accès aux tests compagnons à un nombre élevé de patients, tout en respectant des conditions de qualité optimales et des délais de rendu des résultats compatibles avec la prise en charge des patients. Chaque biomarqueur peut être déterminé par plusieurs techniques et des trousses diagnostiques marquées CE sont désormais disponibles. Néanmoins, il n'existe pas de consensus sur les techniques à utiliser, ce qui conduit à un manque de standardisation. De plus, la signification clinique de certaines altérations moléculaires rares reste encore incertaine et nécessite la poursuite d'études cliniques complémentaires [5, 6]. Ces tests requièrent par ailleurs l'expertise conjointe des pathologistes et des biologistes moléculaires pour les tumeurs solides. Enfin, la liste des biomarqueurs entrant en pratique clinique est amenée à croître régulièrement de par le nombre croissant de thérapies ciblées en cours de développement dans des populations de patients définies en fonction des caractéristiques moléculaires de leur tumeur. Ainsi, cette activité sanitaire se situe en interface permanente avec la recherche translationnelle et nécessite une coordination étroite entre biologistes moléculaires, pathologistes et cliniciens. La mise en œuvre des tests moléculaires requiert de ce fait une expertise et une organisation spécifiques.

Tableau I – Thérapies ciblées disposant d'une AMM et marqueurs moléculaires associés

Pathologie	Biomarqueur	Molécule prescrite	Date de l'AMM
Leucémie myéloïde chronique (LMC) / Leucémie aiguë lymphoblastique (LAL)	Translocation de *BCR-ABL*	Imatinib Dasatinib Nilotinib Bosutinib Ponatinib	2001 2006 2007 2013 2013
GIST	Mutations de *KIT*	Imatinib	2002
	Mutations de *PDGFRA*		
Cancer du sein	Amplification de *HER2*	Trastuzumab Lapatinib	2000 2010
Cancer gastrique	Amplification de *HER2*	Trastuzumab	2009
Cancer colorectal métastatique	Mutations de *KRAS*	Panitumumab Cétuximab	2007 2008
Cancer du poumon	Mutations d'*EGFR*	Géfitinib Erlotinib Afatinib	2009 2011 2013
Cancer du poumon	Translocation d'*ALK*	Crizotinib	2012
Mélanome	Mutations V600 de *BRAF*	Vémurafénib Dabrafenib	2012 2013

Programme INCa\DGOS des plateformes hospitalières de génétique moléculaire des cancers

Dans ce contexte, l'Institut national du cancer (INCa) et la Direction générale de l'offre de soins (DGOS) au sein du ministère de la Santé ont mis en place dès 2006 un réseau national de 28 plateformes de génétique moléculaire des cancers réparties sur l'ensemble du territoire (fig. 1). Les plateformes regroupent plusieurs laboratoires pouvant appartenir à des établissements différents, permettant d'offrir aux patients l'ensemble des techniques indispensables de génétique moléculaire pour toutes les pathologies concernées. Elles ont pour vocation de réaliser les tests moléculaires pour l'ensemble des patients de la région, quel que soit l'établissement où ils sont pris en charge, CHU, CLCC, CH ou établissement privé. L'activité des plateformes ne se limite pas aux marqueurs prédictifs déterminant l'accès à une thérapie ciblée. Elles effectuent également la détermination de marqueurs diagnostiques, pronostiques et de marqueurs permettant le suivi de la maladie résiduelle (tableau II). Les tests moléculaires sont effectués sans contrepartie financière et les cabinets d'anatomopathologie qui adressent les prélèvements sont dédommagés de leur participation.

Fig. 1 – La répartition des plateformes hospitalières de génétique moléculaire des cancers sur le territoire

Tableau II – Catalogue des tests moléculaires effectués en 2012 au sein des plateformes de génétique moléculaire

Marqueurs prédictifs déterminant l'accès à une thérapie ciblée		
Translocation de *BCR-ABL* au diagnostic	Leucémie myéloïde chronique (LMC)/Leucémie aiguë lymphoblastique (LAL)	Prescription d'imatinib, de dasatinib, de nilotinib, de bosutinib et de ponatinib
Mutation d'*ABL*	LMC/LAL	Résistance à l'imatinib/prescription d'un traitement de seconde ligne
Amplification de *HER2*	Cancer du sein	Prescription de trastuzumab et de lapatinib
Amplification de *HER2*	Cancer gastrique	Prescription de trastuzumab
Mutations de *KRAS*	Cancer colorectal	Prescription du panitumumab et du cétuximab
Mutation de *KIT* et de *PDGFRA*	GIST	Prescription d'imatinib
Mutations d'*EGFR*	Cancer du poumon	Prescription du géfitinib, d'erlotinib et d'afatinib
Translocation d'*ALK*	Cancer du poumon	Prescription de crizotinib
Mutations de BRAF *V600*	Mélanome	Prescription de vémurafénib et de dabrafenib
Marqueurs diagnostiques		
Mutation *JAK2* V617F	Suspicion de syndrome myéloprolifératif	Diagnostic différentiel
Instabilité des microsatellites	Cancer du spectre HNPCC	Suspicion de forme héréditaire de cancer
Anomalies chromosomiques spécifiques	Sarcomes	Aide au diagnostic/classification en sous-types
Anomalies chromosomiques spécifiques	Lymphomes non hodgkiniens	Aide au diagnostic/classification en sous-types
Anomalies chromosomiques spécifiques	Hémopathies	Aide au diagnostic/classification en sous-types
Codélétion 1p/19q	Gliomes	Aide au diagnostic/classification en sous-types
Clonalité B/T	Lymphomes non hodgkiniens	Diagnostic lymphome/lymphoprolifération réactionnelle
Marqueurs pronostiques participant à l'orientation du traitement du patient		
Mutations de *FLT3*, *NPM* et *CEBPA*	LAM	Contribution à l'orientation du traitement
Amplification de *MYCN*	Neuroblastome	Contribution à l'orientation du traitement
Anomalies chromosomiques spécifiques	Hémopathies	Contribution à l'orientation du traitement
Marqueurs de suivi		
Quantification de *BCR-ABL*	LMC/LAL	Suivi de la maladie résiduelle

Les plateformes n'ont pas été créées *ex nihilo* mais se sont appuyées sur des laboratoires qui possédaient une expérience préalable dans le domaine. Deux appels à projets nationaux INCa visant à structurer ce dispositif en cancérologie ont été conduits en 2006 et 2007. Le développement de ces plateformes s'inscrit dans la mise en œuvre de la mesure 21 du Plan cancer 2009-2013, « Garantir un égal accès aux traitements et aux innovations » et de l'action 6.2 du Plan cancer 2014-2019.

Mode de financement

Les plateformes de génétique moléculaire reçoivent des financements de l'INCa et des financements PLFSS du ministère de la Santé. Au cours de la phase de structuration, elles ont reçu 4,7 M€ de crédits INCa, relayés ensuite par 4 M€ annuels de financements PLFSS. Puis, des actions spécifiques ont été nécessaires pour permettre la montée en charge rapide de l'activité pour les tests *KRAS* dans le cancer colorectal et les tests *EGFR* dans le cancer du poumon. Suite à l'autorisation de mise sur le marché du cétuximab et du panitumumab pour les patients dont la tumeur porte la forme non mutée du gène *KRAS*, l'INCa a alloué un financement de 2,5 M€ en fin d'année 2008. De même, suite à l'autorisation de mise sur le marché en juin 2009 du géfitinib réservée aux patients dont la tumeur porte une mutation activatrice de l'*EGFR*, l'INCa a alloué un financement de 1,7 M€ aux plateformes en 2009 pour la réalisation de ce test. Dans les deux cas, un suivi trimestriel de l'activité a été réalisé par l'INCa pendant la première année afin d'évaluer la montée en charge et d'adapter les financements PLFSS qui ont pris ensuite le relais. Ce mécanisme de financement présente l'avantage d'être réactif, tout en permettant d'optimiser les ressources par un suivi rapproché de l'activité.

À terme, ces examens ont vocation à être inscrits à la nomenclature : la CCAM pour les examens d'anatomie et cytologie pathologiques et la NABM pour les examens de biologie médicale. Ils seront alors réalisables par l'ensemble des pathologistes et des biologistes à condition qu'ils respectent les conditions d'assurance qualité mises en place au sein des plateformes de génétique moléculaire. D'ores et déjà, le test HIS *HER2* pour le cancer du sein a été inscrit en 2009 à la CCAM. De même, les examens de caryotype oncologique et de FISH en oncohématologie sont inscrits à la NABM depuis 2007. Les tests KRAS pour le cancer colorectal et EGFR pour le cancer du poumon sont actuellement en cours d'évaluation par la Haute autorité de santé en vue de leur inscription à la nomenclature.

Données d'activité

Les plateformes de génétique moléculaire envoient un rapport d'activité annuel à l'INCa qui en effectue une synthèse nationale. En 2012, 172 000 patients ont bénéficié d'un test de génétique moléculaire dont quasiment 63 000 patients pour un test déterminant l'accès à une thérapie ciblée (tableau III). L'analyse de l'origine des prescriptions montre que les besoins nationaux sont effectivement couverts. En effet, en 2012, 70 % des tests KRAS et 60 % des tests EGFR ont été effectués pour des patients pris en charge dans des établissements extérieurs aux plateformes (hôpitaux généraux ou cliniques privées). Par ailleurs, l'analyse des données d'activité montre que ce dispositif est capable d'effectuer des montées en charge importantes d'activité quand cela s'avère nécessaire. Ainsi, en 2009, 17 250 patients ont bénéficié d'un test KRAS, contre seulement 1 100 en 2007. L'activité s'est ensuite stabilisée, comme cela était attendu, avec 16 581 patients ayant bénéficié d'un test KRAS en 2010, 17 003 en 2011 et 18 568 en 2012. De même, 16 834 patients ont bénéficié d'un test EGFR en 2010, contre seulement 2 667 en 2009 (fig. 2).
Les données d'activité transmises par les plateformes de génétique moléculaire permettent aussi de suivre le pourcentage d'anomalies moléculaires identifiées, ainsi que le pourcentage de résultats non interprétables ou non contributifs.

Tableau III – Activité 2012 pour les tests moléculaires effectués par les plateformes de génétique moléculaire

Pathologie	Biomarqueur	Nombre de tests
Cancer du sein	Amplification d'*HER2*	8 853
Cancer de l'estomac	Amplification d'*HER2*	648
Cancer colorectal	Mutations de *KRAS*	18 568
GIST	Mutations de *KIT*	925
	Mutations de *PDGFRA*	860
Cancer du poumon	Mutations d'*EGFR*	22 359
	Translocation d'*ALK*	13 801
Mélanome	Mutation *BRAF* V600	4 629
Leucémies	Translocation de *BCR-ABL*	6 677
	Mutations d'*ABL*	836
TOTAL PATIENTS		62 659

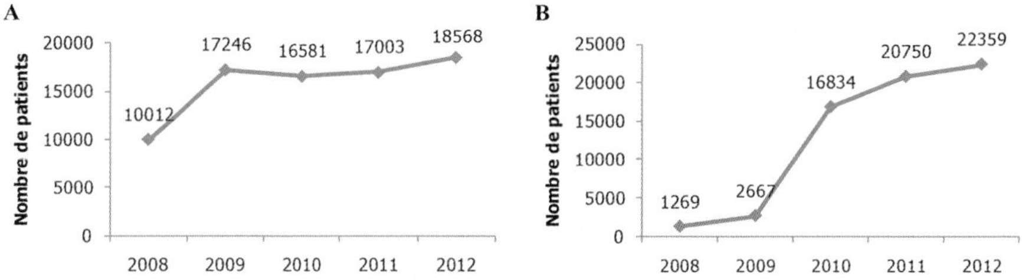

Fig. 2 – Évolution de l'activité des plateformes de génétique moléculaire entre 2007 et 2012. A. Recherche des mutations de KRAS dans les cancers colorectaux. B. Recherche des mutations d'EGFR dans les cancers du poumon.

Anticiper l'arrivée de nouvelles thérapies

De nombreuses molécules ciblant des altérations moléculaires spécifiques sont actuellement en phase de développement clinique. En conséquence, le choix du traitement des patients est de plus en plus orienté par le résultat de la détermination d'un panel de biomarqueurs spécifique à chaque localisation tumorale. Cela va rendre plus complexe la réalisation de ces tests et plus critique la gestion des petits prélèvements (par exemple pour le cancer du poumon).

Afin d'anticiper l'arrivée de ces nouvelles molécules, l'INCa a mis en place en 2010 un programme de détection prospective de ces biomarqueurs émergents dans le cancer du poumon, le cancer colorectal et le mélanome depuis 2010. 9,3 M€ ont été alloués aux plateformes à cet effet depuis 2010. Il s'agit, pour les patients atteints d'un cancer du poumon chez lesquels la mutation de l'*EGFR* doit être cherchée chaque année, de rechercher aussi les mutations des gènes *KRAS*, *BRAF*, *PI3KCA* et *HER2*, ainsi que la translocation du gène *ALK*. Dans le mélanome, il s'agit de rechercher les mutations des gènes *BRAF* et *KIT*. Dans le cancer colorectal, outre les mutations du gène *KRAS*, la mutation du gène *BRAF* et l'instabilité des microsatellites (MSI), pour les patients de moins de 60 ans, sont aussi recherchées.

Ce programme a pour objectif de permettre aux plateformes d'être immédiatement opérationnelles le jour où des thérapies ciblées dirigées contre ces altérations deviennent disponibles pour les patients. Par ailleurs, les patients identifiés comme porteurs de ces altérations moléculaires peuvent être orientés vers les essais cliniques de ces nouvelles thérapies ciblées et bénéficier ainsi d'un accès anticipé à ces molécules innovantes. Le vémurafénib a obtenu une AMM en 2012 dans le mélanome pour les patients avec une mutation de *BRAF*V600 et le crizotinib a obtenu une AMM en 2013 dans le cancer du poumon pour les patients avec une translocation d'*ALK*, démontrant ainsi l'intérêt de ce

programme puisque les tests concernés étaient déjà disponibles sur le territoire au moment où ces molécules ont obtenu leur AMM.
À terme, le développement de molécules pour une liste croissante d'indications va augmenter la complexité du diagnostic moléculaire et rendre difficile une analyse gène par gène. À terme, cela nécessitera le développement d'une approche « tout en un » pour évaluer l'expression des gènes, les variations du nombre de copies, les anomalies de structure et les mutations dans une seule analyse. L'approche la plus prometteuse est celle du séquençage de nouvelle génération (NGS pour *Next generation sequencing*) [7].

Assurer des tests moléculaires de qualité

En apportant une information décisive dans le choix du traitement des patients, les tests déterminant l'accès à une thérapie ciblée ont un impact thérapeutique majeur. Il est donc indispensable de s'assurer de leur qualité afin d'éviter au maximum tout faux positif ou faux négatif qui pourrait limiter les chances du patient ou l'exposer à des effets secondaires inutiles. À cet effet, l'INCa développe un programme d'assurance qualité basé sur la publication de documents définissant les bonnes pratiques et l'organisation de campagnes de contrôle qualité pour les tests ayant un impact thérapeutique majeur pour les patients. Un programme d'évaluation externe de la qualité a été mis en place en 2012 pour les tests EGFR dans le cancer du poumon, KRAS dans le cancer colorectal et BCR-ABL dans les hémopathies et en 2013 pour le test BRAF dans le mélanome. Les structures chargées d'organiser ces campagnes d'évaluation externe de la qualité ont été sélectionnées après une procédure de mise en concurrence dans le cadre d'un appel d'offre organisé par l'INCa.
Ces actions ont vocation à accompagner les plateformes de génétique moléculaire vers l'accréditation selon la norme ISO 15189 qui sera obligatoire à terme, de par l'ordonnance portant réforme de la biologie médicale du 13 janvier 2010.

Bases de données

L'organisation nationale mise en place à l'échelle nationale pour la réalisation des tests moléculaires constitue une opportunité unique de générer des données d'une grande valeur scientifique en collectant des données moléculaires en lien avec des données épidémiologiques, cliniques, histologiques, thérapeutiques et de suivi des patients. À cet effet, deux bases de données sont soutenues et financées par l'INCa dans le cancer du poumon et le mélanome.
Pour le cancer du poumon, le projet BIOMARQUEURS France est piloté par l'Intergoupe français de cancérologie thoracique en lien étroit avec des repré-

sentants des plateformes de génétique moléculaire. Il concerne tous les patients bénéficiant au cours d'une période de 12 mois d'une recherche de mutations de l'EGFR et des biomarqueurs émergents associés. Il permettra en particulier de déterminer le nombre de patients recevant une thérapie personnalisée sur la base d'une anomalie moléculaire identifiée et d'établir une corrélation entre les anomalies moléculaires, la décision thérapeutique et les données de survie.
Pour le mélanome, le projet MELBASEL, financé en 2011 dans le cadre de l'appel à projets INCa « Bases clinico-biologiques », constitue de façon prospective une cohorte de 1 000 patients atteints de mélanome de stade III ganglionnaire non résécable et de stade IV. Ces patients, inclus à partir de 26 centres, seront suivis pendant trois ans.

Impact économique de l'utilisation de biomarqueurs pour déterminer l'accès aux thérapies ciblées

Au-delà du bénéfice médical apporté aux patients, il convient de s'interroger sur l'impact économique de la caractérisation moléculaire préalable à la prescription des thérapies ciblées.
Dans le cancer du poumon, la durée médiane de survie sans progression des patients sans mutation de l'*EGFR* et traités par géfitinib est inférieure à deux mois dans les essais de phase III INTEREST et IPASS [8, 9]. Parmi les 16 834 patients ayant bénéficié d'un test *EGFR* en 2010, 90 % d'entre eux, soit 15 000, ne présentent pas de mutations de l'*EGFR* dans leur tumeur et ne sont donc pas éligibles aux traitements par TKI. En France, le coût de 8 semaines de traitements au géfitinib est de 4 600 € par patient et la recherche de mutations *EGFR* permet donc de réaliser une économie globale de 69 M€. Si l'on se réfère au nombre de tests EGFR réalisés en 2011, les coûts évités seraient encore supérieurs.
En cas d'association avec un traitement par chimiothérapie, les coûts évités sont encore bien supérieurs car un patient non répondeur au traitement par thérapie ciblée bénéficiera tout de même de l'administration de la chimiothérapie. Il recevra de ce fait inutilement une thérapie ciblée jusqu'à progression de la maladie. Ainsi, les données de l'essai de phase III CRYSTAL montrent que les patients (quel que soit le statut *KRAS*) traités par chimiothérapie seule ont une durée médiane de survie sans progression de 8 mois [10]. Si l'on considère que l'administration du cétuximab n'est pas délétère chez les patients *KRAS*+, le test *KRAS* évite ainsi l'administration inutile du cétuximab pendant une durée médiane de 8 mois pour 40 % des patients. Le coût d'un traitement de 8 mois par cétuximab s'élève en moyenne en France à 32 419 €. De même, une étude coût-efficacité a montré que la détermination du statut *HER2* est toujours plus coût-efficace que l'administration du trastuzumab à toutes les patientes, quel que soit le protocole utilisé pour rechercher le statut *HER2* [11].

Conclusion

Le programme des plateformes de génétique moléculaire offre une équité d'accès aux tests moléculaires innovants à tous les patients du territoire. En cela, c'est une organisation unique au plan international. Il démontre que la stratification moléculaire en vue de la décision thérapeutique peut être intégrée avec succès dans le système de soins et que cette stratégie s'avère par ailleurs coût-efficace. Un nombre élevé de thérapies ciblées sont encore en cours de développement et sont accessibles seulement par les essais cliniques. En permettant un screening à large échelle, le programme des plateformes de génétique moléculaire constitue également un outil de choix pour faciliter la conduite d'essais cliniques en France, en particulier pour des molécules ciblant des altérations moléculaire rares. Il permet ainsi à la fois d'accélérer le développement de thérapies ciblées et d'en permettre un accès précoce sur le territoire.

Références

1. Hochhaus A, O'Brien SG, Guilhot F, *et al.* (2009) Six-year follow-up of patients receiving imatinib for the first-line treatment of chronic myeloid leukemia. Leukemia 23(6): 1054-61
2. Piccart-Gebhart MJ, Procter M, Leyland-Jones B, *et al.* (2005) Trastuzumab after adjuvant chemotherapy in HER2-positive breast cancer. N Engl J Med 353(16): 1659-72
3. Van Cutsem E, Köhne CH, Láng I, *et al.* (2011) Cetuximab plus irinotecan, fluorouracil, and leucovorin as first-line treatment for metastatic colorectal cancer: updated analysis of overall survival according to tumor KRAS and BRAF mutation status. J Clin Oncol 29(15): 2011-9
4. Amado RG, Wolf M, Peeters M, *et al.* (2008) Wild-type KRAS is required for panitumumab efficacy in patients with metastatic colorectal cancer. J Clin Oncol 26(10): 1626-34
5. Rouleau E, Spyratos F, Dieumegard B, *et al.* (2008) KRAS mutation status in colorectal cancer to predict response to EGFR targeted therapies: the need for a more precise definition. Br J Cancer 99(12): 2100
6. Yasuda H, Kobayashi S, Costa DB (2012) EGFR exon 20 insertion mutations in non-small-cell lung cancer: preclinical data and clinical implications. Lancet Oncol 13(1): e23-31
7. Cronin M, Ross JS (2011) Comprehensive next-generation cancer genome sequencing in the era of targeted therapy and personalized oncology. Biomark Med 5(3): 293-305
8. Douillard JY, Shepherd FA, Hirsh V, *et al.* (2010) Molecular predictors of outcome with gefitinib and docetaxel in previously treated non-small-cell lung cancer: data from the randomized phase III INTEREST trial. J Clin Oncol 28(5): 744-52
9. Mok TS, Wu YL, Yu CJ, *et al.* (2009) Randomized, placebo-controlled, phase II study of sequential erlotinib and chemotherapy as first-line treatment for advanced non-small-cell lung cancer. J Clin Oncol 27(30): 5080-7
10. Van Cutsem E, Köhne CH, Hitre E, *et al.* (2009) Cetuximab and chemotherapy as initial treatment for metastatic colorectal cancer. N Engl J Med 360(14): 1408-17
11. Elkin EB, Weinstein MC, Winer EP, *et al.* (2004) HER-2 testing and trastuzumab therapy for metastatic breast cancer: a cost-effectiveness analysis. J Clin Oncol 22(5): 854-63

3. Susceptibilité individuelle, polymorphisme génétique et réponse thérapeutique

Pharmacogénétique, réponse et toxicité de la chimiothérapie

7

A. Morel, E. Gamelin, M. Boisdron Celle

Introduction

Malgré les observations, du début du siècle précédent, montrant une liaison des effets secondaires de médicaments à des variations métaboliques interindividuelles transmissibles, la pharmacogénétique n'a été identifiée officiellement comme une discipline à part entière qu'en 1959 par F. Vogel [1]. Depuis cette époque pionnière, on ne compte plus le nombre de molécules pharmacologiques dont les effets secondaires délétères ou l'inefficacité sont liés à des variations génétiques qui affectent leur métabolisme. Cette évolution est liée au progrès de la connaissance du génome humain, à la diffusion des techniques de caractérisation des variations génétiques, mais aussi à l'évolution des sociétés qui n'acceptent plus de prendre un risque avec un médicament qui doit les soigner. L'une des avancées qui a suggéré une application clinique potentielle a concerné l'identification du cytochrome 2D6 (CYP2D6) qui contrôle entre autres le métabolisme de la débrisoquine [2]. Depuis, on estime que le CYP2D6 participe au métabolisme d'environ 25 % des médicaments couramment utilisés. Sur des critères biochimiques, il a ainsi été identifié pour ces molécules des métaboliseurs lents et rapides parmi la population. Ces phénotypes ont été identifiés comme familialement transmis de manière mendélienne autosomique récessive. Il est maintenant bien connu que l'activité du CYP2D6 est liée en partie à un fort polymorphisme génétique qui comprend plus de 80 variants alléliques altérant la fonction de l'enzyme. En outre, des délétions ou des duplications génétiques retrouvées compliquent l'interprétation de la corrélation phénotype/génotype. Actuellement, le génotypage du CYP2D6 est utilisé en clinique, il permet de prédire le statut métaboliseur lent ou rapide d'un individu sans toutefois permettre une réelle adaptation

A. Morel[1] (✉), E. Gamelin[2], M. Boisdron Celle[1]
1. Institut de cancérologie de l'Ouest (ICO), Angers, PRES l'UNAM Université d'Angers, Inserm U892 – E-mail : michele.boisdron@ico.unicancer.fr
2. Amgen inc CA USA Inserm U892 egamelin@amgen.com
Sous la direction de Jean-Louis Merlin, *Les biomarqueurs moléculaires en oncologie*
ISBN : 978-2-8178-0444-6, © Springer-Verlag Paris, 2014

Pharmacogénétique du camptosar ou irinotécan

L'irinotécan a reçu une autorisation accélérée en 1994 pour le traitement des patients atteints de carcinome métastatique du côlon et du rectum progressant après un traitement initial à base de 5-Fluorouracile. Il a ensuite été autorisé en première ligne en combinaison avec le 5-Fluorouracile et la leucovorine pour le traitement des cancers coliques ou rectaux métastatiques. Si le bénéfice de l'irinotécan est sans conteste, on doit noter des effets secondaires tels que diarrhées profuses, neutropénies fébriles, nausées, vomissements, de rares alopécies et surtout l'existence de décès consécutifs à des accidents hématologiques. En fonction des effets secondaires observés et de leurs grades, une diminution de dose ou un report de cure est prescrit par le clinicien. Par ailleurs, pour diminuer les toxicités, il faut noter qu'une pratique courante est l'administration de doses inférieures à celle recommandée (150 mg/m^2 au lieu de 180 mg/m^2) au détriment de l'efficacité.
L'irinotécan est un dérivé semi-synthétique de la camptothécine agissant comme cytotoxique par son activité inhibitrice de la topoisomérase 1. C'est une prodrogue qui produit le métabolite actif, le SN38, grâce à l'action des carboxylestérases. Les études pharmacocinétiques de l'irinotécan ont montré de grandes variations interindividuelles d'exposition au SN38. Le SN38 est conjugué à un motif glucuronide par l'uridine diphosphate-glucuronyl transférase ou UGT et plus particulièrement l'isoenzyme UGT1A1 de cette famille. Cette conjugaison est la première étape de détoxication qui permet au SN38 glucuronidé d'être éliminé de la cellule. L'UGT1A1 chez les caucasiens est soumise à un polymorphisme génétique de sa région promotrice ou TATA box qui correspond à une répétition de séquences dinucléotidiques TA. La présence de 7 TA correspondant au variant UGT1A1*28 et la répétition de 6 TA ou UGT1A1* caractérise le génotype sauvage. Le nombre de répétitions TA est inversement corrélé à l'expression et à l'activité de l'UGT1A1. Le variant homozygote UGT1A1*28 est associé à une sous-expression et une activité réduite de l'enzyme qui est estimée *in vitro* à 65 % de l'activité de référence l'UGT1A1*1 [8]. L'UGT1A1*28 est une caractéristique du syndrome de Gilbert qui est présent chez plus de 10 % de la population caucasienne qui correspond à une sous-expression de l'UGT1A1. Ce syndrome est cliniquement asymptomatique dans les conditions physiologiques normales. La fréquence allélique du variant UGT1A1*28 chez les caucasiens est de 0,340, de 0,139 chez les Asiatiques et de 0,401 chez les Africains [9]. Une autre mutation G71R ou UGT1A1*6 dans la séquence codante de l'enzyme altère son activité. La fréquence allélique du variant UGT1A*6 est de 0,003 chez les caucasiens mais de 0,183 chez les Asiatiques et elle n'a pu être déterminée chez les Africains. Une étude rétrospective sur 75 patients caucasiens atteints de cancer colorectal métastatique traités par un régime à base d'irinotécan et de 5-Fluorouracile a été réalisée, afin de mettre en évidence une corrélation entre

le génotype de l'UGT1A1 et les effets secondaires observés liés à l'irinotécan (tableau I) [10].

Tableau I – Influence des polymorphismes de l'UGT1A1 sur la toxicité de l'irinotécan dans un schéma FOLFIRI [10]

Génotype		6/6	6/7	7/7
Nombre de patients [%]		2^{nb} + 3 [41 %]	35 [47 %]	7 [9 %]
Taux de bilirubine (µm/L)		9,7 +– 5,9	11,3+– 5,1	10,4+–2,3
Neutropénie	grade 0-2	30 [91 %]	21 [60 %]	2 [29 %]
	grade 3-4	3 [9 %]	14 [40 %]	5 [71 %]
	grade 4 + fièvre	0	5 [5 %]	3 [43 %]
Diarrhée	grade 0-2	29 [88 %]	28 [80 %]	5 [71 %]
	grade 3-4	4 [12 %]	7 [20 %]	2 [29 %]
	grade 4	1 [3 %]	2 [6 %]	2 [29 %]
Hospitalisation		–	1 [3 %]	5 [71 %]
Report de cure		10 [30 %]	21 [59 %]	5 [71 %]

Nb : 2 patients de génotype rare 5/6 et 5/7 ont été assimilés aux 6/6.

Cette population, bien que limitée, est représentative des génotypes présents dans la population, soit 41 % de 6TA/6TA (*1/*1), 47 % de 6TA/7TA (*1/*28) et 9 % de 7TA/7TA (*28/*28). Les auteurs montrent en outre clairement que le génotype de l'UGT1A1 n'est pas révélé par la mesure du taux de bilirubine sanguin qui est le métabolite naturel de l'enzyme. Une toxicité hématologique sévère de grade 4 est observée chez 43 % des patients 7TA/7TA, de 14 % pour les patients hétérozygotes, en revanche elle est absente chez les homozygotes sauvages. De même, les auteurs montrent que 71 % des patients homozygotes 7TA/7TA ont été hospitalisés suite aux effets secondaires du traitement et ces mêmes patients ont eu des reports de cure et donc une perte de chance. Dans cette étude, les toxicités observées sont uniquement attribuées à l'irinotécan puisque le 5-Fluorouracile a été adapté pour chaque patient en deçà de la limite toxique. Ces résultats concernant l'irinotécan ont été largement confirmés par d'autres équipes [11-13], ils indiquent cependant que si les patients homozygotes UGT1A1*28 sont souvent surdosés, les patients homozygotes sauvages sont vraisemblablement sous-dosés avec pour conséquence une potentielle perte d'efficacité. Dans l'essai FOLFIRICétux, une étude prospective, 104 patients atteints de cancer colorectal métastatique sont traités par du 5-Fluorouracile adapté (5-FU$^{\text{ODPM Protocol}}$, ODPM, France) de l'irinotécan et du cétuximab, les doses d'irinotécan ont été adaptées à la première cure en fonction du statut génétique de l'UGT1A1 suivi d'une intensification clinique par palier [14].

Les résultats présentés (tableau II) indiquent que les doses d'irinotécan ont été augmentées jusqu'à 293 mg/m^2 pour les patients 6/6 tandis que les 7/7 ont été sensiblement diminuées à 153 mg/m^2. Les toxicités observées correspondent à 4 % de neutropénies et 2 % de diarrhées grade III-IV. Dans cette population, 1 % seulement de toxicité de grade IV et 13 % de grade III ont été observées. Parallèlement, des réponses remarquables ont été obtenues : soit 71 % de réponses objectives et 39 % de maladies stabilisées chez des patients traités en deuxième ligne sans stratification en fonction de leur statut KRas. Une étude japonaise sur 82 patients porteurs de cancer gastro-intestinal non opérables traités par de l'irinotécan à 150 mg/m^2 [15] montre que les patients UGT1A1 *28/*28 et les patients *6/*6 recevant une dose standard de 150 mg/m^2 nécessitent des réductions de dose ou des reports de cure liés aux toxicités limitantes de l'irinotécan. Par ailleurs, on peut noter que les pratiques en termes de posologie et de traitement peuvent être différentes selon les populations, une grande vigilance doit donc être maintenue sur la généralisation des doses de médicaments à prescrire qui ne tiennent pas compte des particularités génétiques ethniques. Ces études prospectives montrent à l'évidence qu'il est possible d'améliorer le traitement par l'irinotécan en diminuant les effets toxiques du médicament grâce à la connaissance du statut génétique de l'UGT1A1 de chaque patient. Actuellement, la FDA recommande de déterminer le statut génétique de l'UGT1A1 sans pour autant proposer de recommandation précise sur l'utilisation de cette analyse par le prescripteur.

Tableau II – Influence des polymorphismes de l'UGT1A1 en termes de réponses et de contrôle de la maladie chez des patients traités par un schéma FOFIRICétux en 2e ligne d'un cancer colorectal métastatique [14]

Génotype UGT1A1	Total	6/6	6/7	7/7
Dose moyenne administrée (mg/m^2)		225	198	133
Réponse objective (%)	33	29,2	36,4	42,8
Stabilité (%)	38,6	41,6	36,4	28,6
Progression (%)	28,4	29,2	27,2	28,6
Maladie contrôlée (%)	71,6	70,8	72,8	71,4
Population de 104 patients évaluables				

Déficit en dihydropyrimidine déshydrogénase et toxicité

Les fluoropyrimidines (5-Fluorouracile, capécitabine et le S1) sont des molécules très largement utilisées en cancérologie puisqu'elles entrent dans la composition de près de 60 % des protocoles de chimiothérapie et dans le traitement de près de la moitié des cancers : colorectum, œsophage, estomac, sein, voies aérodigestives supérieures, pancréas. Comme la plupart des agents anticancéreux, ces molécules possèdent un index thérapeutique étroit et de nombreuses toxicités, parfois sévères et quelquefois létales sont rapportées. Ces molécules sont non seulement utilisées en situation métastatique mais aussi et de plus en plus en situation adjuvante, c'est-à-dire pour des patients traités pour une tumeur localisée, présentant un risque de rechute. Un risque toxique sévère ne peut pas être pris particulièrement dans ces conditions et le clinicien doit s'assurer du maximum de sécurité pour ses patients.

Ces effets toxiques sont dus à une surexposition au médicament, liée à une large variabilité interindividuelle du métabolisme. Le 5-FU est éliminé principalement par voie catabolique, essentiellement au niveau hépatique. L'élimination urinaire du 5-FU sous forme inchangée ne représente que 5 à 10 % de la dose administrée. Ce métabolisme dépend principalement de l'activité de la dihydropyrimidine déshydrogénase (DPD), enzyme majeure du catabolisme du 5-FU. Cette enzyme permet la réduction du 5-FU en 5-fluoro-5,6-dihydrouracile (FUH_2). Elle est également responsable de la transformation des bases pyrimidiques naturelles (uracile et thymine) en leurs dérivés dihydrogénés (dihydrouracile (UH_2) et dihydrothymine). La deuxième étape du catabolisme fait intervenir la dihydropyrimidinase pour former l'acide 5-fluorouréidopropionique (FUPA), qui est finalement métabolisé en fluoro-β-alanine (FBA) sous l'action de l'uréidopropionase.

Ainsi, les patients présentant un déficit de l'activité de cette enzyme ont un risque de surexposition et donc de toxicité aiguë, précoce et grave avec ce médicament, mais aussi avec les fluoropyrimidines orales disponibles en France, l'UFT et la capécitabine [16]. Ces toxicités se manifestent principalement au niveau du tractus digestif et de la moelle osseuse, voire du système nerveux central, pouvant aboutir à une toxicité polyviscérale grave, potentiellement mortelle. Elles ont pu être rapportées à des déficits en DPD, partiels ou complets, dont les fréquences dans la population sont estimées à 3-5 % et 0,2 % respectivement. En fait, l'activité de la DPD dans la population générale suit une courbe de Gauss et est soumise à un polymorphisme d'origine génétique de transmission autosomique codominante. Des cas de pyrimidinuries familiales ont été décrits et ainsi des déficits complets ont été diagnostiqués chez des enfants présentant des concentrations élevées d'uracile et de thymine dans le sang, l'urine mais aussi le liquide céphalorachidien [17].

Plusieurs centaines de SNPs *(Single nucleotide polymorphism)* ou variants ont été rapportés au niveau de l'ADN complémentaire de la DPD, certains sont silencieux, d'autres, peuvent être situés à des endroits majeurs pour l'activité de l'enzyme, comme ceux codant pour le site de liaison au substrat de l'enzyme, c'est-à-dire une pyrimidine naturelle, l'uracile ou la thymine ou médicamenteuse synthétique, ou aux cofacteurs tels que NADH, FAD, FMN. Enfin d'autres provoquent des codons non-sens prédisant l'expression de protéines tronquée inactive comme certaines insertions ou délétions qui provoquent un changement de cadre de lecture de l'ARNm et l'apparition de codon stop prématuré avec les mêmes conséquences. Ils retentissent alors sur l'activité de l'enzyme, de façon plus ou moins majeure, en fonction du type de variant et selon que le patient est homo- ou hétérozygote pour le SNP en question [18, 19, 20].

Le gène de la DPD comprend 23 exons, dont certains sont des « *hot spots* », c'est-à-dire codant pour des régions d'importance majeure pour l'activité de l'enzyme : fixation au substrat, fixation des coenzymes, NADPH, FAD, FMN, zones de transfert d'électrons, sites 4Fe-4S [21-23]. La mutation délétère la plus étudiée mais qui n'est pas la plus fréquente (IVS14 + 1G > A) est localisée sur le site d'épissage près de l'exon 14 [17]. Elle consiste en la substitution d'une guanine par une adénine, induisant la délétion complète de l'exon 14, lors de l'épissage de l'ARN pré-messager. Par conséquent, un fragment de 165 pb codant pour les acides aminés 581-635 de la protéine correspondant au site de fixation du substrat est absent de l'ARN messager mature. Il a été montré que l'activité de la protéine mutée était nulle chez les sujets homozygotes. À l'état hétérozygote, son activité est réduite de plus de la moitié par rapport à un sujet non muté, ce qui est suffisant pour induire une toxicité sévère au 5-FU. La mutation IVS14 + 1G > A est la plus étudiée ; deux études ont montré qu'elle était présente chez 43 et 52 % des patients déficitaires et chez 24 à 28 % des patients ayant présenté une toxicité de grade 3 ou 4 [17, 22, 24].

En pratique clinique, la fréquence de prescription des fluoropyrimidines, l'utilisation de fortes doses, l'extension des indications et la sévérité des toxicités aiguës dues à des déficits enzymatiques, font de leur dépistage une priorité médicale et de santé publique.

Différentes approches ont été développées :

- enzymatique ou radioenzymatique, évaluant directement l'activité de l'enzyme [25-27]. Ces techniques impliquent l'incubation *ex vivo* des cellules mononucléées du patient avec du 5-FU radiomarqué et la mesure par HPLC du catabolite formé. Elles ont longtemps été la référence mais elles ont des applications en diagnostic préthérapeutique limitées du fait de la lourdeur de la préparation des échantillons et du dosage en lui-même. Ces techniques ne sont pas adaptées à un dépistage à grande échelle, comme ce doit être le cas, compte tenu de la très large utilisation des fluoropyrimidines et des contraintes des cliniciens [28] ;

- pharmacogénomique consistant en la mesure de l'expression de l'ARNm de la DPD leucocytaire. La PCR quantitative présente l'avantage d'être moins lourde que les techniques radioenzymatiques et d'un débit plus élevé, mais les résultats concernant une éventuelle corrélation avec l'activité DPD sont peu clairs [29-31] ;
- pharmacologique par dosage de l'uracile et/ou de la thymine plasmatique ou urinaire [32]. Une alternative plus intéressante implique le dosage plasmatique simultané de l'uracile et du dihydrouracile endogènes afin d'établir le rapport UH_2/U, reflet de l'activité globale de la DPD [31-33]. Comme le montre les résultats, ce rapport, effectué avant tout traitement, a été corrélé de façon significative avec le risque et la gravité des toxicités aux fluoropyrimidines apparaissant dès la première cure [31] ;
- pharmacogénétique permettant la détection de SNP sur le gène de la DPD [17, 19, 20, 23]. De nombreuses études ont été réalisées, et si le polymorphisme IVS14 1G > A est le plus décrit, il n'est pas le plus fréquent ni le seul responsable des toxicités. En effet, à l'heure actuelle, 4 mutations reliées avec des toxicités graves et sont caractérisées en pratique courante [20].

Ces différentes approches de détection doivent répondre à un certain nombre de critères et contraintes, telle qu'une bonne sensibilité et une bonne spécificité, ce qu'aucune des techniques précitées ne permet à elle seule, et une faisabilité en pratique courante [31].

Dans différentes études, il a été montré une bonne corrélation entre le rapport UH_2/U et la gravité des épisodes toxiques [31, 33-38]. Une étude réalisée chez 250 patients atteints d'un cancer colorectal métastatique a montré une bonne corrélation entre le rapport UH_2/U et à la fois les concentrations plasmatiques à la première cure et la clairance d'élimination du 5FU. De plus, les patients ayant présenté une toxicité avaient un rapport UH_2/U initial significativement plus faible que les patients n'ayant pas eu de toxicité ($4,2 \pm 2,5$ *vs* $8 \pm 2,5$) ($p < 0,001$) [31].

L'approche génotypique est plus récente grâce à la biologie moléculaire, environ 140 mutations ponctuelles de la DPD ont été rapportées, la moitié d'entre elles ayant un retentissement sur l'activité de l'enzyme, les autres n'entraînant pas de déficit quantitatif d'activité. La plus connue des mutations délétères, nous l'avons dit, est présente sur le site d'épissage près de l'exon 14 [23]. En revanche, la plus fréquente est la 2846 A > T. En effet, dans la plus grande étude à l'heure actuelle portant sur 11 351 patients, la fréquence des mutations délétères est de 3 % (346 patients) [36]. Elle est d'ailleurs comparable aux résultats publiés antérieurement [31, 38].

Il ressort de cette étude multicentrique présentée à l'ESMO GI en 2012 que 346 (3 %) patients dans la population totale étaient porteurs d'une ou plusieurs mutations délétères parmi celles recherchées. Dans la population dépistée après toxicités graves (247 patients), ces mutations ont été retrouvées chez 82 (33 %) patients ayant fait une toxicité grave et chez 16 (59 %) patients décédés (tableau III).

Tableau III – Efficacité des différentes stratégies de dépistage des patients à hauts risques de toxicité aux fluoropyrimidines. Comparaison : recherche des mutations seules, phénotypage seul, approche multiparamétrique

Patients Nombre [%]	1 mutation ou plus		Phénotype déficitaire[Nb1]		Approche multi-paramétrique[Nb2]	
	N	[%]	N	[%]	N	[%]
Totale 247	82	[33 %]	211	[85 %]	242	[98 %]
Décès 27	16	[59 %]	24	[89 %]	27	[100 %]

Nb1 : le phénotype est évalué par la détermination de l'indice de métabolisation UH_2/U.
Nb2 : l'approche multiparamétrique est réalisée par 5-FU$^{ODPM\ Tox\ TM}$ qui prend en compte le génotype, le phénotype, les caractéristiques physiologiques et physiopathologiques de chaque patient.

La recherche des mutations à elle seule est donc insuffisante pour cribler efficacement les patients avant traitement. Si l'on s'intéresse au phénotypage seul, on voit que celui-ci était caractéristique d'un indice de métabolisation faible chez 211 patients (85 %) ayant présenté une toxicité grave et pour 24 des patients (89 %) décédés. Le phénotypage à lui seul est donc insuffisant pour un dépistage efficace. En revanche, de façon tout à fait intéressante, le couplage génotype-phénotype comme cela a déjà été publié [16] associé à une approche multifactorielle intégrant des données clinico-biologiques complémentaires (5-FU$^{ODPM\ Tox\ TM}$, ODPM, France) aurait permis de dépister 242 des patients (98 %) ayant fait une toxicité grave et intégrant des données clinico-biologiques complémentaires 247 patients (100 %) décédés. Cette approche est à l'heure actuelle celle qui présente la plus grande spécificité et la plus grande sensibilité. En effet, le rapport UH_2/U présente une grande sensibilité mais une plus faible spécificité, alors que le génotypage est caractérisé par une excellente spécificité mais une médiocre sensibilité. Les deux approches associées aux caractéristiques physiologiques et physiopathologiques du patient se complètent et combinées permettent de détecter 98 % des patients déficitaires [36].
Ainsi, ce criblage des patients à haut risque de toxicité est tout à fait réalisable en pratique courante (résultats en 8 jours). Enfin, le dépistage ne se limite en aucune façon à un simple rendu de résultats : déficitaire, non déficitaire. Le diagnostic de déficit le plus souvent ne contre-indique pas le traitement par fluoropyrimidines. Il implique une réduction de dose et surtout une surveillance pharmacocinétique. Par ailleurs, ces réductions de doses adaptées au patient déficitaire ne diminue pas l'efficacité du traitement. Le conseil thérapeutique est donc indispensable pour aider le clinicien à trouver la dose de 5-FU adéquate. Avec cette approche combinée de dépistage préthérapeutique de déficit en DPD et de surveillance pharmacocinétique en cas de déficit avéré (5-FU$^{ODPM\ Protocol\ TM}$, ODPM, France), le pourcentage d'effets secondaires graves passe de 20-25 % à moins de 0,6 %. Une étude médico-économique rétrospective présentée à l'ASCO GI en janvier 2012 démontre clairement l'intérêt économique de cette pratique [38]. Une étude

prospective cofinancée par l'INCa et la Ligue contre le cancer (promoteur Institut de Cancérologie de l'Ouest) visant à évaluer le bénéfice médico-économique de ce dépistage a été arrêtée (septembre 2012) suite au décès toxique d'une patiente dans le bras non dépisté qui aurait été évité dans le bras dépisté, démontrant de fait l'intérêt éthique et médico-économique de ces approches.

Conclusion

Le rôle des polymorphismes génétiques apparaît de plus en plus clairement dans la tolérance à de nombreux médicaments anticancéreux, et aboutit à des applications pratiques.
Les progrès liés à la pharmacogénétique en termes de sécurité d'administration de certains médicaments sont déjà accessibles. Le dépistage des déficits en DPD, déjà réalisé dans certains laboratoires sur le territoire national, est parfaitement compatible avec l'administration du 5-FU et des prodrogues orales en pratique clinique courante. On rappelle qu'ils doivent impérativement être accompagnés d'un conseil thérapeutique, puisque le diagnostic de déficit, même majeur, ne contre-indique le plus souvent pas l'administration de fluoropyrimidine, sous réserve d'une surveillance étroite clinique ou par dosage pharmacocinétique et adaptation individuelle de dose sans perte de chance. Dans les exemples cités, il est important de noter qu'une marge très significative de progrès thérapeutique peut être atteinte grâce aux apports de la pharmacogénétique qui, non seulement permet d'optimiser l'efficacité d'anciennes molécules ayant obtenu leur AMM, mais aussi de pouvoir sans doute réévaluer des molécules délaissées qui seraient potentiellement utiles à la lumière des données de la génétique.
Les enjeux thérapeutiques, médicaux mais aussi économiques sont tels qu'il faut intensifier cette recherche de transfert. Parallèlement aux grands essais cliniques indispensables aux progrès thérapeutiques, il faut développer la recherche de transfert, pas seulement dans des études ancillaires optionnelles, mais dans des essais d'envergure, permettant d'évaluer l'impact des paramètres biologiques de l'hôte sur l'efficacité et la tolérance des traitements et de poursuivre dans la voie de l'individualisation des traitements.

Les auteurs souhaitent remercier la Ligue contre le cancer, l'INCa et le Cancéropôle Grand Ouest pour leurs soutiens financiers.

Références

1. Vogel F (1959) Moderne problem der humangenetik. Ergeb Inn Med U Kinderheilk 12: 52-125

2. Mahgoud A, Idle JR, Dring LG, *et al.* (1977) Polymorphic hydroxylation of debrisoquine in man. Lancet 2: 584-6
3. http://www.1000genomes.org/home
4. Relling MV, Gardner EE, Sandborn WJ, *et al.* (2011) Clinical pharmacogenetics implementation consortium guidelines for thiopurine methyltransferase genotype and thiopurine dosing. Clin Pharmacol Ther 89: 387-91
5. Van der Akker-Van Marle ME, Gurwitz D, Detmar SB, *et al.* (2006) Cost-effectiveness of pharmacogenomics in clinical practice: a case study of thiopurine methyl transferase genotyping in acute lymphoblastic leukemia in europe. Pharmacogenomics 7: 783-92
6. Tavadia SM, Mydlarski PR, Reis MD, *et al.* (2000) Screening for azathioprine toxicity: a pharmacoeconomic analysis based on a target case. J Am Acad Dermatol 42: 628-32
7. Pavlovic S (2009) TMPT gene polymorphisms: on the doorstep of personalized medicine. Indian J Med Res 129: 478-80
8. Beutler E, Racial AM (1998) Variability in the UDP-glucuronosyltransferase 1 (UGT1A1) promoter: A balanced plolumorphism for regulation of bilirubin métabolism ? Proc Natl Acad Sci 95: 8170-4
9. Kurose K, Sugiyama E, Saito Y (2012) Population differences in malor functionnal polymorphisms of pharmacokinetics/pharmacdynamics-related genes in eastern asians and europeans : implications in the clinical trials for novel drug development. Drug Meta Pharmcokinet 27: 9-54
10. Rouits E, Boisdron-Celle M, Dumont A, *et al.* (2004) Relevance of different UGT1A1 polymorphisms in irinotecan-induced toxicity: a molecular and clinical study of 75 patients. Clin Cancer Res 10: 5151-9
11. Innocenti F, Undevia SD, Iyer L, *et al.* (2004) Genetic variants in the UDP-glucuronyltrasnferase 1A1 gene predict the risk of severe neutropenia of irinotecan. J Clin Oncol 22: 1382-8
12. Iyer L, Das S, Janisch L, *et al.* (2002) UGT1A1*28 polymorphism as a determinant of irinotecan disposition and toxicity. Pharmacogenomics J 2: 43-4
13. Ando Y, Saka H, Ando M, *et al.* (2000) Polymorphism of UDP-glucuronyl-transferase gene and irinotecan toxicity: A pharmogenetic analysis. Cancer Res 60: 6921-6
14. Capitain O, Metges JP, Adenis A, *et al.* (2010) Pharmacokinetic and pharmacogenetic approach to improve dose intensity and tolerance of FOLFIRI+Cetuximab in patients with metastatic CRC. ASCO GI San Francisco USA, janvier
15. Satoh T, Ura T, Yamada Y, *et al.* (2011) Genotype-directed, dose-finding study of irinotecan in cancer patients with UGT1A1*28 and/or UGT1A1*6 polymorphisms. Cancer Sci 102: 1868-73
16. Largillier R, Etienne-Grimaldi MC, Formento JL, *et al.* (2006) Pharmacogenetics of capecitabine in advanced breast cancer patients. Clin Cancer Res 12(18): 5496-502
17. Van Kuilenburg ABP, Vreken P, Abeling NGGM, *et al.* (1999) Genotype and phenotype in patients with dihydropyrimidine dehydrogenase deficiency. Hum Genet 104: 1-9
18. Wei X, Elizondo G, Sapone A, *et al.* (1998) Characterization of the human dihydropyrimidine dehyrdogenase gene. Genomics 5: 391-400
19. Wei X, McLeod HL, McMurrough J, *et al.* (1996) Molecular basis of the human dihydropyrimidine dehydrogenase deficiency and 5-fluorouracil toxicity. J Clin Invest 98: 610-5
20. Morel A, Boisdron-Celle M, Fey L, *et al.* (2006) Clinical relevance of different dihydropyrimidine dehydrogenase gene single nucleotide polymorphisms on 5-fluorouracil tolerance. Mol Cancer Ther 5: 2895-904
21. Mc Leod HL, Collie-Duguid ESR, Vrecken P, *et al.* (1998) Nomenclature for human DPYD alleles. Pharmacogenetics 8: 455-9
22. Van Kuilenburg AB, Muller EW, Haasjes J, *et al.* (2001) Lethal outcome of a patient with a complete dihydropyrimidine dehydrogenase (DPD) deficiency after administration

of 5-Fluorouracil: frequency of the common IVS14+1G>A mutation causing DPD deficiency. Clin Canc Res 7: 1149-53

23. Van Kuilenburg ABP, Meinsma R, Zoetekouw L, *et al.* (2002) Increased risk of grade IV neutropenia after administration of 5-fluorouracil due to dihydropyrimidine dehydrogenase deficiency: high prevalence of the IVS14+1G>A mutation. Int J Cancer 101: 253-8
24. Van Kuilenburg ABP, Abreu R, Van Gennip A (2003) Pharmacogenetic and clinical aspects of dihydropyrimidine dehydrogenase deficiency. Ann Clin Biochem 40: 41-5
25. Johnson MR, Yan J, Shao L, *et al.* (1997) Semi-automated radioassay for determination of dihydropyrimidine dehydrogenase (DPD) activity. Screening cancer patients for DPD deficiency, a condition associated with 5-fluorouracil toxicity. J Chromatogr 696: 183-91
26. Fleming R, Milano G, Thyss A, *et al.* (1992) Correlation between dihydropyrimidine dehydrogenase activity in peripheral mononuclear cells and systemic clearance of fluorouracil in cancer patients. Cancer Res 52: 2899-902
27. Etienne MC, Lagrange JL, Dassonville O, *et al.* (1994) Population study of dihydropyrimidine dehydrogenase in cancer patients. J Clin Oncol 12: 2248-53
28. Lu Z, Zhang R, Diasio RB (1993) Dihydropyrimidine dehydrogenase activity in human peripheral blood mononuclear cells and liver: population characteristics, newly identified deficient patients, and clinical implication in -fluorouracil chemotherapy. Cancer Res 53: 5433-8
29. Seck K, Riemer S, Kates R, *et al.* (2005) Analysis of the *DPYD* gene implicated in 5-fluorouracil catabolism in a cohort of caucasian individuals. Clin Cancer Res 11: 5886-92
30. Johnson MR, Wang K, Smith JB, *et al.* (2000) Quantitation of dihydropyrimidine dehydrogenase expression by real-time reverse transcription polymerase chain reaction. Anal Biochem 278: 175-84
31. Boisdron-Celle M, Remaud G, Traore S, *et al.* (2007) 5-Fluorouracil-related severe toxicity: a comparison of different methods for the pretherapeutic detection of dihydropyrimidine dehydrogenase deficiency. Cancer letters 249: 271-82
32. Van Gennip AH, Van Bree-Blom EJ, Wadman SK, *et al.* (1982) HPLC of urinary pyrimidines for the evaluation of primary and secondary abnormalities of pyrimidine metabolism. In: Hawk GL, ed. Biological biomedical applications of liquid chromatography.III. New York and Basel, Marcel Dekker Inc, p 285-96
33. Gamelin E, Boisdron-Celle M, Guerin-Meyer V, *et al.* (1999) Correlation between uracil and dihydrouracil plasma ratio, fluorouracil (5-FU) pharmacokinetic parameters, and tolerance in patients with advanced colorectal cancer: A potential interest for predicting 5-FU toxicity and determining optimal 5-FU dosage. J Clin Oncol 17(4): 1105-10
34. Zhou, ZW, Wang GQ, Wan DS (2007) The dihydrouracil/uracil ratios in plasma and toxicities of 5-fluorouracil-based adjuvant chemotherapy in colorectal cancer patients. Chemotherapy 53(2): 127-31
35. Morel A, Boisdron-Celle M, Fey L, *et al.* (2007) Identification of a novel mutation in the dihydropyrimidine dehydrogenase gene in a patient with a lethal outcome following 5-fluorouracil administration and the determination of its frequency in a population of 500 patients with colorectal carcinoma. Clin Biochem 40(1-2): 11-7
36. Boisdron Celle M, Capitain O, Metges JP, *et al.* (2012) Severe Fluoropyrimidines toxicities: a simple and effective way to avoid them. Screen effectively for DPD deficiencies. ESMO GI, Barcelone, 27-29 juin
37. Remaud G, Boisdron-Celle M, Hameline C, *et al.* (2005) An accurate Dihydrouracil/Uracil determination using improved High Performance Liquid Chromatography method for preventing fluoropyrimidines-related toxicity in clinical practice. J Chromatogr B 823(2): 98-107
38. Traoré S, Boisdron-Celle M, Hunault G, *et al.* (2012) DPD deficiency: Medico-economic evaluation of pre-treatment screening of 5-FU toxicity. ASCO GI, San Francisco, 19-21 janvier

Pharmacogénétique et thérapies ciblées 8

G. Milano, M.-C. Étienne-Grimaldi

Polymorphisme du gène *HER-1 (REGF)*

Le premier intron du gène du REGF a une importance dans la régulation de la transcription [1]. Cet intron présente un polymorphisme dans une séquence microsatellite (9 à 23 répétitions CA, rs 11568315). Il a été suggéré que le nombre de répétitions CA pourrait modifier la conformation de l'ADN après la fixation des facteurs transcriptionnels [2] et des données expérimentales récentes montrent que le niveau de transcription du REGF est inversement associé au nombre de répétitions CA [3]. Une étude de Buerger *et al.* [4], basée sur l'analyse de 112 cancers du sein, a confirmé qu'un accroissement du niveau d'expression tumorale du REGF est associé significativement à une diminution du nombre de répétitions CA. Il est important de noter que le nombre de répétitions CA dans l'intron 1 du gène *REGF* est une caractéristique individuelle constitutionnelle (germinale) et non une caractéristique génétique somatique acquise au cours du développement tumoral. Nous avons mené une étude sur des cancers ORL, portant sur l'analyse du lien entre le polymorphisme du gène *REGF* et son niveau d'expression (112 cas [5]). En accord avec les données de la littérature, nous avons observé que l'allèle à 16 répétitions CA était le plus fréquent. En ciblant notre analyse sur le sous-groupe de patients porteurs de cet allèle (n = 76), nous avons mis en évidence une association significative entre l'accroissement des répétitions CA du second allèle et la diminution de l'expression tumorale du *REGF*. L'analyse de nos données n'était cependant pas totalement concordante, puisque, quand on centrait l'analyse sur l'ensemble des patients homozygotes, il n'y avait pas de lien significatif entre le nombre de répétitions CA et l'expression du REGF. Nos données, associées à celle

G. Milano (✉) M.-C. Étienne-Grimaldi, Laboratoire d'oncopharmacologie, Centre Antoine Lacassagne, 33, avenue de Valombrose, 06189 Nice Cedex 2 – E-mail : gerard.milano@nice.unicancer.fr, marie-christine.etienne@nice.unicancer.fr

Sous la direction de Jean-Louis Merlin, *Les biomarqueurs moléculaires en oncologie*
ISBN : 978-2-8178-0444-6,

de Buerger *et al.* [4], suggèrent que le niveau global d'expression tissulaire du *REGF* pourrait être, en partie, sous le contrôle du polymorphisme de l'intron 1 de son gène. Une publication d'Amador *et al.* [6] évoque l'intérêt clinique de la prise en compte de ce polymorphisme du *REGF* : sur une série limitée de 13 patients avec cancer colorectal traités par gefitinib, une toxicité cutanée était rencontrée plus fréquemment (84 %) chez les sujets dont la somme CA des deux allèles était égale à 35 par rapport à ceux dont cette somme était supérieure à cette valeur seuil (33 % de toxicité cutanée). D'autres polymorphismes ont été décrits sur le gène *EGFR*, en particulier au niveau du promoteur : l'un en position –216G>T (rs 712829) et un autre en position –191C>A (rs 712830), mais leur fonctionnalité et leur impact clinique ne sont pas clairement démontrés. D'autres facteurs peuvent influencer l'expression globale du REGF, en particulier l'amplification du gène *REGF* lui-même, bien que la fréquence de ce phénomène soit relativement faible, de l'ordre de 15 % [7]. Au total, la connaissance individuelle de ce polymorphisme du REGF, facile d'accès (ADN des cellules sanguines), devrait être prise en compte parmi les facteurs prédictifs à valider pour les thérapeutiques ciblant le REGF. Animés de cet objectif, nous avons récemment conduit une étude multifactorielle biologique et pharmacogénétique dans le cancer colorectal avancé [8]. Il s'agissait d'une étude rétrospective portant sur 58 patients traités pour chimiothérapie associée à l'anticorps anti-REGF, le cetuximab. Toute une série de polymorphismes génétiques potentiellement associés aux traitements par anti-REGF ont été considérés et parmi eux le polymorphisme de répétition CA du REGF. Pour ce polymorphisme de répétition CA, nous avons noté une association très proche de la signification (p = 0,058, OR = 2,91, IC 95 % 0,95-8,92) entre la toxicité cutanée caractéristique du ciblage REGF et le nombre de répétitions CA : 72,7 % des patients avec une somme de CA inférieure à 35 présentaient une toxicité cutanée de grade 2-3 contre 48 % chez ceux qui avaient une somme supérieure à 35. On peut donc estimer que la fréquence des toxicités cutanées chez les patients traités par ciblage anti-REGF est liée, en partie, à une caractéristique endogène du gène du REGF au niveau des répétitions CA de l'intron 1 ayant un impact sur le niveau d'expression basal du REGF.

Polymorphisme du gène *HER-2*

Il existe un polymorphisme du gène *HER-2* au codon 655 (Val/Ile, rs 1801201) correspondant au domaine transmembranaire de ce récepteur [9]. On ne dispose pas d'éléments expérimentaux forts montrant l'impact fonctionnel de ce polymorphisme génétique sur le phénotype. Cependant, chez la souris, une mutagenèse chimique induit une mutation ponctuelle de HER2 au codon 664 (Val/Glu) [10]. Cette mutation, également située dans le domaine transmembranaire, conduit à une sur-activation d'un facteur 100 de l'activité tyrosine kinase du récepteur, responsable du processus de carcinogenèse. On peut donc émettre l'hypothèse d'un lien entre le polymorphisme HER-2 655 Val/Ile chez l'homme et la fonctionnalité de la protéine. Cette hypothèse est confortée par l'étude de Xie *et al.* [11] qui ont mis en évidence une association entre la présence de l'allèle Val et le risque de cancer du sein (OR = 14,1, IC 95 % 1,8-113,4 pour les Val/Val). Nous avons mené une étude prospective sur 61 patientes recevant un traitement contenant du trastuzumab [12]. Le génotypage HER-2 a été effectué à partir d'ADN extrait des cellules sanguines circulantes. La majorité des patientes étaient homozygotes Ile/Ile (59 %), les hétérozygotes représentaient 34 % et les homozygotes Val/Val constituaient 7 % du groupe étudié. Nous n'avons pas mis en évidence de lien entre le génotype HER-2 et la réponse objective, la survie sans événement et la survie globale. Sur les 61 patientes étudiées, nous avons constaté l'apparition de toxicité cardiaque chez 5 patientes (2 grades I, 2 grades II et 1 grade III). Cette toxicité cardiaque s'installait 1 à 19 mois après l'initiation du traitement par trastuzumab. Aucune de ces patientes ne présentait d'antécédent cardiovasculaire (HTA, angor ou infarctus du myocarde). Tous ces épisodes de toxicité cardiaque ont été rencontrés chez des patientes portant l'allèle Val : pas de cardiotoxicité chez les 36 Ile/Ile *vs* 5 cardiotoxicités chez les 21 Ile/Val *vs* pas de cardiotoxicité chez les 4 Val/Val, p = 0,0058). Ces résultats ont récemment été confirmés par une équipe française sur 132 patientes traitées par trastuzumab : l'odds ratio associé à la cardiotoxicité chez les patientes porteuses d'au moins un allèle Val était de 3,83 (IC 95 % 1,11-13,2, p = 0,025) par rapport aux patientes Ile/Ile [13].

Polymorphismes génétiques liés au ciblage du VEGF

Le gène du VEGF-A est hautement polymorphe et comporte de multiples SNPs au niveau du promoteur et en région 3' [14]. Parmi ces polymorphismes, cinq ont un impact fonctionnel (–2578 C > A, –1498 T > C, –1154 G > A, –634 G > C et 936 C > T) (fig. 1) et sont associés aux niveaux sériques du VEGF-A [15, 16] ou au risque de cancer [17-19]. Nous avons récemment conduit une étude visant à évaluer l'impact de ces 5 polymorphismes du VEGF-A sur la pharmacodynamie du bevacizumab dans le cancer du sein avancé [20]. Un total de 137 patientes ont été incluses prospectivement dans cette étude où le bevacizumab était prescrit à la dose de 10 $mg.kg^{-1}$ toutes les deux semaines ou 15 $mg.kg^{-1}$ toutes les trois semaines en association ou non à une chimiothérapie à base de taxanes. Nous avons analysé ces 5 polymorphismes par PCR-RFLP (sur ADN de cellules mononucléées sanguines). Le pourcentage de réponse objective était de 61 %. Le temps moyen de progression était de 11 mois. Aucun des polymorphismes considérés n'était lié à la réponse. Pour la survie, les patientes homozygotes 936 CC montraient une forte tendance pour une survie sans événement plus courte (médiane 9,7 mois) comparée à celle des patients 936 TT ou TC (médiane à 11,5 mois, p = 0,022). Il est intéressant de noter que l'allèle 936T est associé à une plus faible expression du VEGFA. L'impact de ce polymorphisme sur la survie sans évènement (survie plus longue chez les patients porteurs de l'allèle 936T) pourrait donc s'expliquer par une plus faible expression de la cible à la fois au niveau systémique et au niveau tumoral. En ce qui concerne le lien avec la toxicité, le pourcentage de patients développant un score de toxicité supérieur à 1 (somme des grade max considérant l'hypertension, les hémorragies, les tromo-embolismes veineux et artériels) étaient respectivement de 39 %, 49 % et 81 % pour les patients –634 GG, GC et CC (p = 0,01).

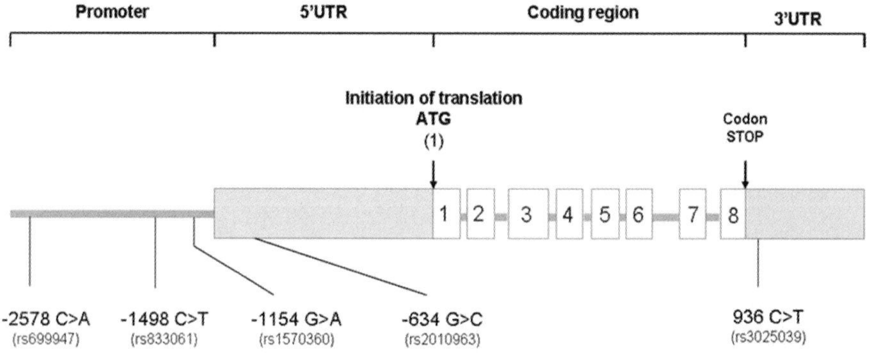

Fig. 1 - Structure du gène VEGFA et principaux polymorphismes (UTR signifie « région non traduite »). Source : Etienne-Grimaldi MC, Formento P, Degeorges A *et al.* (2011) Prospective analysis of the impact of VEGF-A gene polymorphisms on pharmacodynamics of bevacizumab-based therapy in metastatic breast cancer patients. Br J Clin Pharmacol 71(6): 921-8).

Autres polymorphismes et autres traitements ciblés

Polymorphismes du gène *CYP2D6*

Le tamoxifène, antioestrogène mixte ciblant le récepteur aux œstrogènes (RE), reste aujourd'hui encore le traitement adjuvant de référence pour les patientes non ménopausées avec un cancer du sein RE+. Cette molécule est une prodrogue principalement activée au niveau hépatique en anabolites hydroxylés (endoxifène principalement) sous l'action de l'isoenzyme 2D6 du cytochrome P450 (CYP2D6). Cet isoenzyme présente de très nombreux polymorphismes génétiques avec plus de 80 allèles décrits [21]. On identifie classiquement 4 groupes de patients sur la base de leur phénotype: les métaboliseurs ultra-rapides (UM, environ 2% des Caucasiens), normaux ou extensifs (EM, 70% des Caucasiens), intermédiaires (IM, 20 % des Caucasiens) et à activité quasi nulle (ou poor metabolizer, PM, environ 7 % des Caucasiens). Cette classification phénotypique peut être approchée par l'analyse de 9 variants, les variants *9, *10 et *41 étant associés à une activité intermédiaire et les variants *3, *4, *5 et *6 à une activité nulle. Chez les caucasiens, cette analyse peut être réduite aux variants *1 (activité normale), *3, *4, *6, *10 et *41, voire moins. En théorie, les patientes PM ne devraient pas tirer bénéfice d'un traitement par tamoxifène. L'étude princeps de Goetz [22] a montré sur 190 patientes ménopausées que les patientes PM homozygotes *4/*4, et/ou recevant un co-traitement par un inhibiteur du CYP2D6, présentaient une survie sans récidive significativement plus courte que les patientes wt/wt ou wt/*4 (RR 1,6, p = 0,027). Parmi les études plus récentes, toutes menées sur des effectifs plus conséquents, ces résultats ont été confirmés pour certaines [23-25], mais infirmés pour d'autres [26-28]. Deux de ces études négatives [27,28] ont fait l'objet d'une rétraction en raison de manquements méthodologiques majeurs mettant en cause leur conclusion. En effet, la répartition des génotypes ne concordait pas avec les lois de la génétique (équilibre de Hardy-Weinberg), pouvant s'expliquer par l'analyse d'ADN tumoral (et non germinal) ou par un problème analytique. Les résultats contradictoires de la littérature peuvent également s'expliquer par le caractère rétrospectif de ces études, par le faible nombre de variant analysé, et par le manque d'information sur la co-prescription d'inhibiteurs du CYP2D6 et l'adhésion au traitement. Une récente méta-analyse de l'International Tamoxifen Pharmacogenomics Consortium [29], portant sur près de 5 000 patientes montre que les patientes « PM » ont une survie sans maladie invasive plus faible, avec un hasard ratio toutefois modéré à 1.25 (IC 95 % 1,06-1,47, p 0,009), et ce chez les seules patientes RE+ ménopausées recevant 20 mg/j pendant 5 ans. Cette observation n'ayant pas été confirmée dans les autres groupes de patientes, des études prospectives sont nécessaires pour statuer sur l'intérêt du génotypage CYP2D6 en pratique clinique. De plus, il faut noter que la quasi-totalité de ces études concerne des femmes ménopausées, alors que la prescription actuelle de tamoxifène cible des femmes non ménopausées. Il est donc difficile en l'état actuel d'émettre des recommandations pratiques sur l'intérêt du génotypage du CYP2D6 pour la mise en place d'un traitement par tamoxifène.

Polymorphismes des gènes codant pour les récepteurs Fc

Les anticorps monoclonaux (Acm) thérapeutiques de type IgG1 induisent, indépendamment de leur cible spécifique, une cytotoxité cellulaire dépendante des anticorps, ou ADCC (Antibody Dependant Cellular Cytotoxicity), médiée par le fragment Fc de l'Acm. L'Acm est fixé grâce aux fragments Fab à sa cible exprimée sur la surface de la cellule tumorale, tandis que son fragment Fc est fixé aux récepteurs aux fragments Fc (FcγR) exprimés à la surface des cellules immunitaires (cellules NK principalement). Cette double propriété va mettre en contact les cellules tumorales avec les cellules immunitaires qui vont s'activer et relarguer des molécules cytolytiques aboutissant à la lyse de la cellule tumorale. Les gènes codant pour ces récepteurs au fragment Fc, FCGR2A et FCGR3A, présentent des polymorphismes fonctionnels, FCGR2A 131H>R (rs 1801274) et FCGR3A 158F>V (rs 396991), qui influencent leur affinité [30, 31]. Les premières études montrant l'impact de ces polymorphismes ont été conduites chez des patients traités par rituximab pour un lymphome [31, 32]. L'impact de ces polymorphismes a également été étudié dans le cancer du sein traité par trastuzumab [33-35] et dans le cancer colorectal traité par cétuximab [8, 36-40]. Les résultats de ces études, pour la plupart conduites sur des petits effectifs (moins de 100 patients), ne sont cependant pas concordants entre eux. Concernant le cétuximab, l'absence démontrée d'efficacité chez les patients porteurs d'une tumeur colique mutée RAS relativise le rôle de l'ADCC dans l'efficacité globale de cet Acm.

Conclusion

Au total, les polymorphismes génétiques germinaux touchant les gènes *REGF* (répétition CA dans l'intron 1), *CYP2D6* et *HER-2* (mutation ponctuelle 655 V/I) méritent d'être mieux examinés dans le cadre des traitements par anti-REGF, tamoxifène et anti-HER2, respectivement, car ils pourraient permettre une optimisation thérapeutique sur la base d'un examen très simple dans sa généralisation (obtention de cellules sanguines).

Références

1. Bornstein P, McKay J, Liska DJ, *et al.* (1988) Interactions between the promoter and first intron are involved in transcriptional control of alpha 1 (I) collagen gene expression. Mol Cell Biol; 8: 4851-4857.
2. Gebhardt F, Bürger H, Brandt B. (2000) Modulation of EGFR gene transcription by secondary structures, a polymorphic repetitive sequence and mutations - a link between genetics and epigenetics. Histol Histopathol; 15: 929-936.
3. Gebhardt F, Zänker KS, Brandt B. (1999) Modulation of epidermal growth factor receptor gene transcription by a polymorphic dinucleotide repeat in intron 1. J Biol Chem; 274: 13176-13180.
4. Buerger H, Gebhardt F, Schmidt H, *et al.* (2000) Length and loss heterozygosity of an intron 1 polymorphic sequence of *egfr* is related to cytogenetic alterations and epithelial growth factor receptor expression. Cancer Res; 60: 854-857.
5. Etienne-Grimaldi MC, Pereira S, Magné N, *et al.* (2005) Analysis of the dinucleotide repeat polymorphisms in the epidermal growth factor receptor (EGFR) gene in head and neck cancer patients. Ann Oncol; 16: 934-941.

6. Amador ML, Oppenheimer D, Perea S, *et al.* (2004) An epidermal growth factor receptor intron 1 polymorphism mediates response to epidermal growth factor receptor inhibitors. Cancer Res; 64: 139-143.
7. Nagatsuka H, Ishiwari Y, Tsujigiwa H, *et al.* (2001) Quantitation of epidermal growth factor receptor gene amplification by competitive polymerase chain reaction in pre-malignant and malignant oral epithelial lesions. Oral Oncol; 37: 599-604.
8. Dahan L, Norguet E, Etienne-Grimaldi MC, *et al.* (2011) Pharmacogenetic profiling and cetuximab outcome in patients with advanced colorectal cancer. BMC Cancer. Nov 25;11:496.
9. Papewalis J, Nikitin AY, Rajewsky MF. (1991) G to A polymorphism at amino acid codon 655 of the human erbB-2/HER-2 gene. Nucl Acid Res; 19: 5452.
10. Segatto O, King CR, Pierce JH, *et al.* (1988) Different structural alterations up-regulate in vitro tyrosine kinase activity and transforming potency of the erbB-2 gene. Mol Cell Biol; 8: 5570-5574.
11. Xie D, Shu WO, Deng Z, *et al.* (2000) Population based case-control study of HER2 genetic polymorphism and breast cancer risk. J Natl Cancer Inst; 92: 412-416.
12. Beauclair S, Formento P, Fischel JL, *et al.* (2007) Role of the HER2 [Ile655Val] genetic polymorphism in tumorogenesis and in the risk of trastuzumab-related cardiotoxicity. Ann Oncol. 2007 Aug;18(8): 1335-41.
13. Roca L, Diéras V, Roché H, *et al.* (2013) Correlation of HER2, FCGR2A, and FCGR3A gene polymorphisms with trastuzumab related cardiac toxicity and efficacy in a subgroup of patients from UNICANCER-PACS 04 trial. Breast Cancer Res Treat. Jun;139(3):789-800.
14. Formento JL, Etienne-Grimaldi MC, Francoual M, *et al.* (2009) Influence of the VEGF-A 936C>T germinal polymorphism on tumoral VEGF expression in head and neck cancer. Pharmacogenomics. Aug;10(8): 1277-83.
15. Koukourakis MI, Papazoglou D, Giatromanolaki A, *et al.* (2004) VEGF gene sequence variation defines VEGF gene expression status and angiogenic activity in non-small cell lung cancer. Lung Cancer. Dec;46(3): 293-8.
16. Krippl P, Langsenlehner U, Renner W, *et al.* (2003) A common 936 C/T gene polymorphism of vascular endothelial growth factor is associated with decreased breast cancer risk. Int J Cancer. Sep 10;106(4): 468-71.
17. Ku KT, Wan L, Peng HC, *et al.* (2005) Vascular endothelial growth factor gene-460 C/T polymorphism is a biomarker for oral cancer. Oral Oncol. May;41(5): 497-502.
18. Lee SJ, Lee SY, Jeon HS, *et al.* (2005) Vascular endothelial growth factor gene polymorphisms and risk of primary lung cancer. Cancer Epidemiol Biomarkers Prev. Mar;14(3): 571-5.
19. Jain L, Vargo CA, Danesi R, *et al.* (2009) The role of vascular endothelial growth factor SNPs as predictive and prognostic markers for major solid tumors. Mol Cancer Ther. Sep;8(9): 2496-508.
20. Etienne-Grimaldi MC, Formento P, Degeorges A, *et al.* (2011) Prospective analysis of the impact of VEGF-A gene polymorphisms on the pharmacodynamics of bevacizumab-based therapy in metastatic breast cancer patients. Br J Clin Pharmacol. 2011 Jun;71(6):921-8.
21. Barrière J, Formento JL, Milano G *et al.* (2010) CYP2D6 polymorphisms and tamoxifen: therapeutic perspectives in the management of hormonodependent breast cancer patients. Bull Cancer. Mar;97(3): 311-20.
22. Goetz MP, Knox SK, Suman VJ, *et al.* (2007) The impact of cytochrome P450 2D6 metabolism in women receiving adjuvant tamoxifen. Breast Cancer Res Treat. Jan;101(1):113-21.
23. Schroth W, Goetz MP, Hamann U, *et al.* (2009) Association between CYP2D6 polymorphisms and outcomes among women with early stage breast cancer treated with tamoxifen. JAMA. Oct 7;302(13): 1429-36.
24. Schroth W, Hamann U, Fasching PA, *et al.* (2010) CYP2D6 polymorphisms as predictors of outcome in breast cancer patients treated with tamoxifen: expanded polymorphism coverage improves risk stratification. Clin Cancer Res. Sep 1;16(17): 4468-77.

25. Goetz MP, Suman VJ, Hoskin TL, *et al.* (2013) CYP2D6 Metabolism and Patient Outcome in the Austrian Breast and Colorectal Cancer Study Group Trial (ABCSG) 8. Clin Cancer Res. Jan 15;19(2): 500-7.
26. Wegman P, Elingarami S, Carstensen J, *et al.* (2007) Genetic variants of CYP3A5, CYP2D6, SULT1A1, UGT2B15 and tamoxifen response in postmenopausal patients with breast cancer. Breast Cancer Res.;9(1): R7.
27. Rae JM, Drury S, Hayes DF, *et al.* (2012) CYP2D6 and UGT2B7 genotype and risk of recurrence in tamoxifen-treated breast cancer patients. J Natl Cancer Inst. Mar 21;104(6): 452-60.
28. Regan MM, Leyland-Jones B, Bouzyk M, *et al.* (2012) CYP2D6 genotype and tamoxifen response in postmenopausal women with endocrine-responsive breast cancer: the breast international group 1-98 trial. J Natl Cancer Inst. Mar 21;104(6): 441-51.
29. Province MA, Klein TE; International Tamoxifen Pharmacogenomics Consortium (2014). CYP2D6 genotyping and the use of tamoxifen in breast cancer. J Natl Cancer Inst. Feb;106(2): 216-27.
30. Warmerdam PA, van de Winkel JG, Vlug A, *et al.* (1991) A single amino acid in the second Ig-like domain of the human Fc gamma receptor II is critical for human IgG2 binding. J Immunol. Aug 15;147(4): 1338-43.
31. Cartron G, Dacheux L, Salles G, *et al.* (2002) Therapeutic activity of humanized anti-CD20 monoclonal antibody and polymorphism in IgG Fc receptor FcgammaRIIIa gene. Blood. 2002 Feb 1;99(3): 754-8.
32. Weng WK, Levy R. (2003) Two immunoglobulin G fragment C receptor polymorphisms independently predict response to rituximab in patients with follicular lymphoma. J Clin Oncol; 21: 3940-3947.
33. Musolino A, Naldi N, Bortesi B, *et al.* (2008) Immunoglobulin G fragment C receptor polymorphisms and clinical efficacy of trastuzumab-based therapy in patients with HER-2/neu-positive metastatic breast cancer. J Clin Oncol. Apr 10;26(11): 1789-96.
34. Tamura K, Shimizu C, Hojo T, *et al.* (2011) FcγR2A and 3A polymorphisms predict clinical outcome of trastuzumab in both neoadjuvant and metastatic settings in patients with HER2-positive breast cancer. Ann Oncol. Jun;22(6): 1302-7.
35. Hurvitz SA, Betting DJ, Stern HM, *et al.* (2012) Analysis of Fcγ receptor IIIa and IIa polymorphisms: lack of correlation with outcome in trastuzumab-treated breast cancer patients. Clin Cancer Res. Jun 15;18(12): 3478-86.
36. Zhang W, Gordon M, Schultheis AM, *et al.* (2007) FCGR2A and FCGR3A polymorphisms associated with clinical outcome of epidermal growth factor receptor expressing metastatic colorectal cancer patients treated with single-agent cetuximab. J Clin Oncol. Aug 20;25(24): 3712-8.
37. Lurje G, Nagashima F, Zhang W, *et al.* (2008) Polymorphisms in cyclooxygenase-2 and epidermal growth factor receptor are associated with progression-free survival independent of K-ras in metastatic colorectal cancer patients treated with single-agent cetuximab. Clin Cancer Res. Dec 1;14(23): 7884-95.
38. Bibeau F, Lopez-Crapez E, Di Fiore F, *et al.* (2009) Impact of FcgRIIa-FcgRIIIa polymorphisms and KRAS mutations on the clinical outcome of patients with metastatic colorectal cancer treated with cetuximab plus irinotecan. J Clin Oncol. Mar 1;27(7):1122-9.
39. Pander J, Gelderblom H, Antonini NF, *et al.* (2010) Correlation of FCGR3A and EGFR germline polymorphisms with the efficacy of cetuximab in KRAS wild-type metastatic colorectal cancer. Eur J Cancer. Jul;46(10):1829-34.
40. Etienne-Grimaldi MC, Bennouna J, Formento JL, *et al.* (2012) Multifactorial pharmacogenetic analysis in colorectal cancer patients receiving 5-fluorouracil-based therapy together with cetuximab-irinotecan. Br J Clin Pharmacol. May;73(5):776-85.

Susceptibilité individuelle et toxicité de la radiothérapie

9

J. Lacombe, O. Riou, J. Solassol, A. Mangé, M. Ozsahin, D. Azria

Introduction

En 1901, six ans après la découverte des rayons X par Wilhelm Röntgen, Henri Becquerel et Pierre Curie publient une note officielle à l'Académie des sciences sur l'action physiologique des rayons du radium [1]. En reproduisant l'expérience de Friedrich Giesel, Pierre Curie décrit les diverses rougeurs, brûlures et plaies qu'a provoquées l'exposition, durant une dizaine d'heures, de chlorure de baryum radifère sur son avant-bras. Les symptômes décrits sont les mêmes que ceux de Marie Curie et d'Henri Becquerel, lorsque ces derniers transportent dans une poche de leur gilet un petit tube métallique scellé avec quelques centigrammes de cette même matière active. Ces diverses observations conduisent rapidement à la conclusion de l'existence d'un effet biologique des rayonnements ionisants sur les tissus.

Un nouveau traitement contre les tumeurs se met alors progressivement en place : puisque les rayonnements ionisants ont un effet sur les tissus normaux pourquoi n'en auraient-ils pas sur les tumeurs ? Malgré quelques aléas dus aux premiers balbutiements de cette technique, l'expérience s'avère concluante : la radiothérapie est née. Elle deviendra dans les années qui suivent un des modes essentiels de traitement contre le cancer avec pour principal but de délivrer la dose la plus importante afin d'assurer une efficacité maximale du contrôle tumoral tout en minimisant les dommages aux tissus sains environnants.

Dès 1911, le radiologue français Louis Bouchacourt fait une étrange observation sur deux de ses patients. Ces derniers sont pris en charge par le médecin pour une épilation par rayons X. À la suite de leur traitement, L. Bouchacourt publiera une note intitulée : « Sur la différence de sensibilité aux rayons de Röntgen de la peau des différents sujets ». En effet, de cette

J. Lacombe, O. Riou, J. Solassol, A. Mangé, M. Ozsahin, D. Azria (✉) Pôle de radiothérapie oncologique, Institut du cancer de Montpellier, Inserm U896, Institut de recherche en cancérologie de Montpellier – E-mail : David.Azria@icm.unicancer.fr

Sous la direction de Jean-Louis Merlin, *Les biomarqueurs moléculaires en oncologie*
ISBN : 978-2-8178-0444-6,

expérience peu anodine, le radiologue en tirera une conclusion importante : pour un même protocole d'irradiation, chaque individu réagit différemment à l'exposition aux rayonnements. L'observation va plus loin et L. Bouchacourt démontre également que chaque organe a une réponse spécifique aux radiations et qu'une réponse peut même être visible sur des parties du corps qui n'ont pourtant pas été irradiées. Dès lors, les premières bases de la susceptibilité individuelle aux rayonnements ionisants sont posées et la notion de radiosensibilité intrinsèque entre dans le vocabulaire courant de la radiobiologie.
Si l'expérience acquise depuis le début du XXe siècle en radiothérapie oncologique nous a permis de mieux comprendre les mécanismes de la radiotoxicité des tissus sains, les processus cellulaires et moléculaires qui régissent la radiosensibilité individuelle nous échappent encore.
Même actuellement, dans la prise en charge par radiothérapie, ce paramètre n'est pas pleinement pris en compte. Les protocoles d'irradiation sont des protocoles généraux basés sur un calcul qui limite la dose afin de réduire au maximum le nombre de patients développant des effets secondaires indésirables. Un nombre significatif de patients ayant pourtant un seuil de tolérance aux rayonnements élevé reçoit donc une dose sous-évaluée entraînant une diminution de l'efficacité de la radiothérapie. Si les traitements individualisés ne sont pas encore généralisés, c'est que l'on ne peut pas à ce jour prédire la toxicité individuelle. Un des challenges majeurs de la radiobiologie actuelle est donc d'identifier des biomarqueurs prédictifs permettant de discriminer les personnes hypersensibles aux rayonnements des autres qui possèdent au contraire une bonne tolérance à l'irradiation. Ainsi, chacun pourrait recevoir une dose personnalisée et un traitement à l'efficacité individuelle maximale.
De l'étude des premières cellules aux dernières techniques avancées de criblage haut débit, ce chapitre présente une mise au point de tels tests. Il met en exergue le fait que ce domaine implique un travail fastidieux et pas toujours évident, tant les contraintes sont nombreuses et les mécanismes complexes. Et même si le marqueur idéal n'a toujours pas été trouvé, l'avancée des connaissances et des techniques laisse entrevoir un futur proche très prometteur.

Fibroblastes et lymphocytes : premières cellules-témoins

Dès la fin des années 1980, les premières études qui ont initié le développement d'un test prédictif de radiotoxicité se sont basées sur l'étude du fibroblaste [2-5]. Plus précisément, une corrélation a été suspectée entre la radiosensibilité *in vitro* de fibroblastes dérivés de biopsies cutanées avec la réponse du tissu sain *in vivo*, c'est-à-dire les effets secondaires précoces ou tardifs à la radiothérapie. Pour évaluer la radiosensibilité des fibroblastes *in vitro*, ces études ont utilisé le test de clonogénicité, qui permet de déterminer la perte de capacité de prolifération des cellules après irradiation. Ainsi, la plupart de ces études ont pu établir une corrélation significative entre les deux paramètres. Cependant, l'utilisation du test de clonogénicité se révèle être laborieuse surtout en termes de temps dédié et de nécessité d'un personnel qualifié. Son utilisation en routine clinique est donc difficilement envisageable. De plus, les résultats n'ont pu être reproduits sur de plus grandes cohortes de patients lors d'essais randomisés quelques années plus tard [6, 7]. Les conclusions similaires des premières études sont en fait un artéfact : ces dernières n'ont en réalité pas testé les mêmes hypothèses et ne peuvent donc être comparées. Le protocole exact des tests, les paramètres cliniques et l'analyse statistique variaient selon les études [8]. D'autres approches ont alors été utilisées, notamment la mesure de l'induction et des réparations des dommages ADN radioinduites avec le test des comètes [9] ou le test de formation des micronoyaux [10] qui nécessitent tous deux fois moins de temps et moins de cellules. Cependant, ces premiers résultats encourageants n'ont pu être confirmés lors d'études prospectives sur de plus larges cohortes de patients [8].

Les lymphocytes présentent plusieurs avantages comparés aux fibroblastes : ils peuvent être prélevés facilement et en grande quantité, leur manutention est simple, les résultats peuvent être obtenus rapidement et ils présentent une importante sensibilité aux rayonnements. Pour toutes ces raisons, de nombreuses études ont également utilisé ce type de cellules afin de mettre au point un test prédictif de la radiosensibilité des tissus sains. Dans un premier temps, un certain nombre d'entre elles ont appliqué les mêmes méthodes de mesure de la radiosensibilité que pour les fibroblastes : test de clonogénicité [11], détection des aberrations chromosomiques [12] ou formation des micronoyaux [13, 14]. Cependant, bien que ces approches apportent des éléments supplémentaires aux premiers tests sur les fibroblastes, notamment en termes de rapidité d'exécution, elles restent difficiles à mettre en place en routine clinique et aucune n'est actuellement utilisée. À la fin des années 1990, une équipe a proposé pour la première fois un nouveau test basé sur l'apoptose lymphocytaire [15]. L'apoptose est une forme de mort cellulaire radio-induite dont l'importance dépend plus du type cellulaire que de la dose délivrée. Elle est, par exemple, fréquemment observée dans les cellules pour lesquelles elle joue un rôle physiologique important, comme les lymphocytes. Cette réponse est rapide, se développant en 6 à 72 heures après l'irradiation. La même équipe a par la suite confirmé ses résultats préliminaires et a pu démontrer une corrélation entre le taux d'apoptose lymphocytaire radio-induite (TALRI) et le grade de radiotoxicité tardive [16, 17]. En effet, toutes les personnes avec un TALRI élevé n'ont pas développé de toxicité tardive de grade élevé alors que toutes les personnes présentant des séquelles tardives avaient un TALRI bas.

Études génomiques

Les quelques rares syndromes de radiosensibilité caractérisés par une hérédité mendélienne de mutations de gènes impliqués dans la détection et la réparation des dommages ADN (tels que l'ataxie télangiectasie, le syndrome de Nijmegen, l'anémie de Fanconi et le syndrome de Bloom) illustrent bien que des gènes spécifiques peuvent influencer la radiosensibilité des tissus [18]. Cependant, ces syndromes ne se limitent généralement qu'à des familles et des fratries bien précises et se révèlent être peu significatifs de la radiosensibilité chez la majorité des patients atteints par un cancer et traités par radiothérapie. Il est pourtant clair que la variation génétique héréditaire est importante pour déterminer la sensibilité d'un individu aux rayonnements. Toutefois, le modèle génétique extrêmement complexe qui régit ce phénomène n'est pas connu et peut avoir de nombreuses origines différentes. Il peut aller d'une mutation, rare et unique, ayant un effet important (par exemple une mutation sur le gène *ATM*) à une combinaison de multiples variants plus fréquents qui confèrent une sensibilité accrue à une maladie déterminée. En fait, il est fort probable que ce soit ce dernier mécanisme qui soit le plus courant et que toute une gamme d'allèles de différentes fréquences et de différentes tailles soit impliquée dans ces phénomènes. Les études génétiques d'association cas-témoins, dans lesquelles les fréquences des allèles chez les personnes porteuses du phénotype d'intérêt sont comparées avec les fréquences alléliques des personnes dépourvues de ce phénotype, sont un moyen efficace de trouver ces variants génétiques.

Dans ces études, plusieurs formes de variations génétiques peuvent être détectées :

- la forme la plus courante est la recherche de polymorphisme d'un seul nucléotide (SNP, *Single-nucleotide polymorphism*). Un SNP est une altération de la séquence ADN qui ne touche qu'un seul nucléotide. Pour être considéré comme un polymorphisme, le variant doit être retrouvé dans au moins 1 % de la population ;
- la recherche de polymorphismes de séquence microsatellite (séquences d'ADN formées par la répétition d'un motif de quelques nucléotides) peut aussi être utilisée pour identifier de nouveaux marqueurs génétiques de ce type ;
- certaines études se basent également sur la mesure de la variabilité du nombre de copies (CNV, *Copy number variation*). La CNV est une variation génétique qui se traduit par la modification du nombre de copies d'un gène ou d'une partie d'un gène dans une région chromosomique spécifique. Les CNV sont moins nombreuses que les SNP, mais elles peuvent affecter plusieurs mégabases par variant et jouer un rôle important dans la variabilité phénotypique de la maladie génétique en modifiant le niveau d'expression des gènes ou en perturbant les séquences codantes ;

- enfin, les modifications épigénétiques, comme la méthylation des cytosines des îlots CpG ou la modification des histones, peuvent être un mécanisme important dans la réponse des tissus sains à l'irradiation et font également preuve d'un intérêt particulier.

Les études radiogénomiques publiées à ce jour ont pour la plupart adopté l'approche gène-candidat ; c'est-à-dire que la voie biologique impliquée dans le phénotype d'intérêt est identifiée et que seuls les variants des gènes codant pour les protéines de cette voie sont étudiés. Ces dernières ont abouti à l'identification de variants de gènes impliqués dans de nombreux processus cellulaires de réponse aux rayonnements ionisants, tels que les réparations des dommages à l'ADN (CDNK1, TP53), le stress oxydatif (GSTP1, MPO, SOD2) ou encore la réponse inflammatoire (TGFβ1) [19]. Les variants des gènes codant pour des protéines impliquées dans les voies de réparation de l'ADN sont les plus nombreux à avoir été identifiés. Ces dernières appartiennent à l'ensemble des grands systèmes de réparation et concernent la réparation des principaux dommages radio-induits : la réparation des cassures simple brin (APEX1, XRCC1) impliquant les mécanismes d'excision de bases (BER, *Base excision repair*) et la réparation des cassures double brin (ATM, BRCA1, BRCA2, XRCC3, XRCC5) mettant en jeu les mécanismes de jonction non homologue des brins brisés (NHEJ, *Non-homologous end joining*) ou de recombinaison homologue.

Cependant, il n'a pas été possible de montrer un lien incontestable entre le génotype et la radiotoxicité des tissus sains. Bien que différentes associations aient pu être identifiées, aucune d'entre elles n'a pu être validée sur une population indépendante et une étude prospective récente a démontré que les SNPs identifiés jusqu'à présent ne pouvaient être associés à un effet clinique significatif de radiotoxicité [20]. Plusieurs méta-analyses n'ont par exemple pas pu confirmer les précédentes associations des SNPs du gène *TGFβ1*, principal médiateur du processus fibrotique, avec une toxicité radio-induite tardive [21, 22]. Une explication possible peut venir de l'approche gène-candidat de ces études. Cette approche nécessite que la biologie et le génotype de la maladie dans laquelle le gène étudié est impliqué soient suffisamment bien compris. Or, les fonctions précises de la majorité des gènes identifiés par le *Human Genome Project* sont encore inconnues et les mécanismes moléculaires des pathologies radio-induites des tissus sains sont complexes et ne sont pas encore totalement maîtrisées.

Avec les développements récents du génotypage à haut débit (ex. : puces à très haute densité : plus de 500 000 marqueurs/puce), cette limitation peut être évitée grâce aux études d'association du génome en entier (GWAS, *Genome-wide association studies*). Les GWAS permettent en effet d'étudier plus d'un million de SNPs en une seule expérimentation qui, ensemble, représentent toutes les variations d'un génome. Les GWAS permettent ainsi d'identifier des gènes associés à diverses pathologies sans qu'aucune hypothèse physiopathologique ne soit nécessaire. Ces études ont d'ores et déjà prouvé leur efficacité en identifiant plusieurs régions du génome portant des variants génétiques associés à l'obésité [23, 24], au diabète de type II [25] ou encore à l'infarctus du myocarde [26].

La première GWAS à avoir tenté d'identifier des SNPs associés aux effets indésirables de la radiothérapie a été publiée en 2010 [27]. Elle a permis d'identifier le SNP rs2268363 localisé dans le gène *FSHR (Follicle-stimulating hormone receptor)* et qui est associé à un dysfonctionnement érectile chez des patients atteints par un cancer de la prostate et traités par radiothérapie externe. En 2011, une autre GWAS a permis d'identifier deux variants du gène *PRDM1* associés au développement de tumeurs malignes secondaires chez l'enfant suite à un traitement radiothérapeutique pour un lymphome hodgkinien [28]. Il est cependant important de souligner que les GWAS ont une interprétation binaire des résultats : soit l'individu est porteur de la maladie, soit il ne l'est pas. Dans le cadre d'une évaluation de la radiotoxicité, le problème est plus complexe. Les effets biologiques des rayonnements sont divers et difficilement assimilables à un classement dichotomique. Ils peuvent apparaître à des temps différents (effets précoces ou tardifs), les pathologies associées peuvent être variées et classées différemment selon le degré de toxicité (fig. 1). La diversité de ces phénotypes implique donc des variations génétiques rares mais nombreuses et variées et l'analyse des données recueillies ne peut alors être pertinente que pour un très grand nombre d'échantillons. Il est donc reconnu qu'une seule institution ne peut réaliser elle-même une GWAS avec un résultat suffisamment significatif et que seul un consortium international, représentant plusieurs centres, peut aboutir au succès d'un tel travail. C'est pour cette raison qu'en 2009 un Consortium de radiogénomique a été créé, il fournit désormais un cadre adéquat pour les études de validation des futurs GWAS [29].

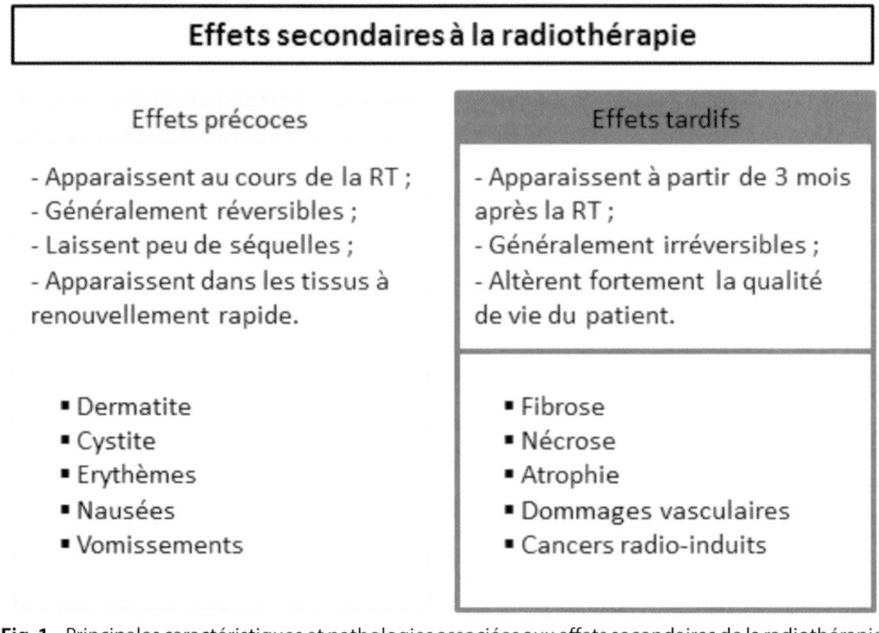

Fig. 1 – Principales caractéristiques et pathologies associées aux effets secondaires de la radiothérapie sur les tissus sains.

Études transcriptomiques

Dans une moindre mesure, l'étude du transcriptome commence également à être explorée. Ainsi une étude de 2006, grâce à l'utilisation de puces à ADN complémentaire (ADNc), a pu déterminer l'expression des ARN messagers (ARNm) de gènes impliqués dans la réparation des dommages à l'ADN dans des lymphocytes de patients traités par radiothérapie pour un cancer de la prostate [30]. Les résultats ont montré une différence d'expression de 19 gènes principalement impliqués dans la réparation des cassures double brin de l'ADN et dont la surexpression est corrélée à une radiorésistance des tissus sains. Un an plus tard, la même équipe a montré que la surexpression de l'ARNm du gène *XPC*, gène également impliqué dans les réparations des dommages à l'ADN, est associée à un risque plus élevé de réactions secondaires à la radiothérapie chez des patients atteints par un cancer de la prostate [31]. Plus récemment, une étude a tenté d'identifier une signature d'ARNm de lymphocytes afin de discriminer des patients ayant développé des réactions secondaires à la radiothérapie de ceux n'ayant développé aucune radiotoxicité [32]. Si à l'état basal aucun gène n'est capable de différencier significativement les deux groupes, les auteurs ont montré qu'après une irradiation *in vitro* de 5 Gy, 153 gènes avaient leur expression modifiée et 67 d'entre eux pouvaient prédire la radiosensibilité du tissu normal par le niveau de leur réponse transcriptionnelle. La majorité de ces gènes sont impliqués dans la régulation de l'apoptose ou du cycle cellulaire. Par ailleurs, cette équipe a également appliqué cette méthode sur des lymphocytes transformés par le virus Epstein Barr sans pouvoir différencier les deux groupes de patients. Cela permet d'émettre une réserve sur l'utilisation de lignées transformées, qui, si elles sont un bon moyen d'étude, facilement accessibles, ne reflètent pas systématiquement la réalité physiologique. Le fait que les rayonnements ionisants induisent la dérégulation d'un grand nombre de gènes suggère également que les micro-ARN (miARN), qui affectent aussi l'expression d'un grand nombre de gènes cibles, peuvent être impliqués dans la réponse radio-induite. Si, à l'heure actuelle, il n'existe pas encore d'études sur l'identification et l'évaluation d'une signature de miARN chez des patients traités par radiothérapie, quelques études portant sur des lignées cellulaires ont pu mettre en évidence un rôle de certains miARN dans les mécanismes de réponse à l'irradiation des cellules normales [33-35].
Cependant, une étude de 2006 a montré que les gènes dont l'activité post-transcriptionnelle était modifiée lors d'une irradiation étaient dix fois plus nombreux que ceux dont la transcription était affectée [36]. Ces résultats montrent qu'une modification de l'expression génétique n'est pas nécessairement corrélée à la véritable réponse cellulaire. Cette étude démontre tout l'intérêt d'avoir des approches complémentaires telles que la protéomique qui pourrait permettre la détection de nombreuses protéines le plus en aval

possible de la cascade signalétique et ainsi d'approcher au maximum de la véritable réponse cellulaire.

Études protéomiques

De manière identique à l'approche gène-candidat, de nombreuses études protéomiques se sont basées sur une approche protéine-candidate pour identifier de nouveaux marqueurs protéiques de la toxicité radio-induite. La réponse tissulaire est le siège d'activations cellulaires multiples qui débute par la mort cellulaire précoce radio-induite, qui va elle-même induire des réponses cellulaires diverses comme la réaction inflammatoire, l'activation du système de coagulation ou l'activation de cellules du système cicatriciel. La majorité des protéines impliquées dans ces mécanismes sont des protéines sécrétées. Les nombreux avantages qui résultent de cette particularité (quantité, facilité de prélèvement…) font de ces protéines des candidats de choix dans la recherche de marqueurs cliniques. Parmi les protéines sécrétées jouant un rôle prépondérant dans la réponse tissulaire radio-induite, les cytokines sont majoritaires. Un grand nombre d'entre elles ont pu être étudiées comme marqueurs prédictifs de la toxicité radio-induite et plus particulièrement de la radiotoxicité pulmonaire.

Le TGFβ1 joue par exemple un rôle important dans l'inhibition de la prolifération des cellules épithéliales et dans la fibrogenèse, par conséquent de nombreuses études ont essayé d'évaluer son intérêt dans la prédiction d'une toxicité radio-induite [37-42]. Une corrélation entre l'élévation du taux de TGF-β1 plasmatique chez des patients traités par radiothérapie pour un cancer du poumon non à petites cellules et l'apparition d'effets secondaires a ainsi pu être établie. D'autres cytokines, telles que les interleukines [43, 44], la KL-6 [45, 46] et les protéines du surfactant [47, 48] ont également été considérées. Si l'ensemble de ces études louent le pouvoir prédictif réel de ces protéines, aucune d'entre elles n'a pu obtenir de résultats suffisamment significatifs pour une utilisation de ces marqueurs en clinique. Pour tenter de pallier ce problème, une étude a travaillé sur un panel de 17 cytokines [49]. Malheureusement, les résultats montrent que seul le niveau d'expression de l'interleukine-8 avant le début du traitement se révèle être suffisamment significatif pour discriminer des patients atteints d'une toxicité pulmonaire de ceux n'en n'ayant pas développé. Aucune combinaison de plusieurs cytokines ne s'est avérée discriminante.

D'autres protéines sécrétées (plasma ou sérum) ont également été étudiées. C'est le cas de la citrulline, acide aminé non protéique principalement produit par l'intestin grêle. La concentration plasmatique de la citrulline a été évaluée dans le cadre de la prédiction de la toxicité intestinale chez des patients traités par radiothérapie pour un cancer de la prostate ou de l'endomètre [50, 51].

Très récemment, une étude a montré que le taux de 8-hydroxy-2-deoxyguanosine (8-oxo-dG) sérique, un nucléotide modifié par les espèces réactives à l'oxygène (ROS), est corrélé à une radiotoxicité précoce de la peau chez des patients traités par radiothérapie pour un cancer du sein [52]. En effet, les résultats montrent qu'après irradiation *ex-vivo* du sérum (à 5 mGy et 2 000 Gy), le taux de 8-oxo-dG sérique est supérieur chez les patients n'ayant déclaré aucune toxicité comparé aux patients présentant des effets secondaires précoces de grade élevé.

À l'image de la génomique, plusieurs travaux ont tenté d'identifier des marqueurs protéiques « sans *a priori* » en criblant l'ensemble d'un protéome grâce à l'utilisation d'approches protéomiques haut débit. La majorité de ces études se sont focalisées sur l'étude du protéome sérique. Une des premières études du genre portait sur 68 patients et recouvrait 18 cancers différents (prostate, sein, rein, colorectal...) [53]. Par une approche de type SELDI-TOF *(Surface-enhanced laser desorption and ionization-time of flight)*, l'équipe a pu identifier une série de marqueurs sériques dont le taux varie au cours du traitement. Les auteurs montrent ainsi clairement qu'il existe des modifications d'expression des protéines sériques post-radiothérapie, et cela pour un grand nombre de cancers et de sites d'irradiation différents. Ces résultats prouvent que les approches protéomiques haut débit, en permettant l'identification de plusieurs protéines, peuvent être utilisées pour un criblage massif des protéines impliquées dans les mécanismes de toxicité radio-induite. Car en dépit des nombreuses protéines identifiées, l'étude n'a pas étudié d'éventuelles corrélations entre radiosensibilité des tissus sains et radiotoxicité induite. Les études dans le domaine restent peu généralisées à l'heure actuelle.

Néanmoins, en 2010, une étude a pu identifier et quantifier plus de 100 protéines plasmatiques chez des patients atteints d'un cancer du poumon non à petites cellules et traités par radiothérapie [54]. Après l'exclusion biostatistique des protéines les moins significatives, les auteurs en ont retenu 76. Parmi celles-ci, le complément C3, la *C4b-binding protein alpha chain*, la vitronectine, la kératine 5 et l'angiotensine sont surexprimés chez les patients ayant développé une toxicité pulmonaire de grade élevé par rapport aux patients ne présentant aucune séquelle sévère tardive. Ces résultats ont été confirmés un an plus tard sur une plus large cohorte de patients où la vitronectine et la *C4b-binding protein alpha chain* ont pu être validées par *westernblot* [55]. L'amélioration des analyses bioinformatiques permet également l'identification de nouvelles protéines candidates. Ainsi, grâce à un nouvel algorithme et un nouveau système de sélection des protéines d'intérêt, une récente étude a pu montrer que l'α-2-macroglobuline était une protéine capable de différencier de manière suffisamment significative une population atteinte d'inflammation pulmonaire radio-induite d'une population n'ayant développé aucune toxicité [56]. Cette protéine a pu être validée par Elisa.

Conclusion

Grâce à l'existence de modèle cellulaire et animal et par l'obtention de nombreuses biopsies, beaucoup d'études travaillent déjà sur la prédiction de la réponse tumorale à la radiothérapie. Cependant, la véritable limitation de la radiothérapie reste la toxicité des tissus sains et la recherche de marqueurs de la radiosensibilité individuelle est devenue un des challenges majeurs de la radiobiologie actuelle.

La diversité et la complexité des effets indésirables de l'irradiation thérapeutique rendent difficile la mise au point d'un test qui puisse prévenir de l'ensemble des réactions secondaires. Par exemple, les mécanismes qui gouvernent une toxicité cutanée (par exemple fibrose cutanée) ne sont pas les mêmes que ceux qui entrent en jeu dans une toxicité pulmonaire (par exemple pneumonite radique). Il n'existe donc pas à ce jour de modèle *in vitro* et *in vivo* satisfaisants pour l'étude globale de cette radiotoxicité. De plus, la faible prévalence des cas de toxicité radio-induite sévère limite également le nombre d'échantillons disponibles pour les analyses. Dans de nombreuses études, la longueur du suivi des effets tardifs est également critiquable : certains effets tardifs ne peuvent en effet apparaître que des dizaines d'années après la fin du traitement et un suivi de quelques mois n'est pas suffisant pour tirer des conclusions significatives sur la prédiction de tels effets. Néanmoins, en ciblant correctement le type de toxicité que l'on souhaite prédire, les approches de type gène (protéine)-candidat(e) peuvent apporter de nombreux éléments de réponse. En étudiant le niveau d'expression d'une protéine ou les variations possibles d'un gène impliqué dans un mécanisme de toxicité radio-induite, elles peuvent conduire à l'identification de nouveaux marqueurs prédictifs de cette toxicité. Inversement, les études de criblage haut débit permettent d'identifier de nouveaux éléments jusqu'alors inconnus dans la réponse cellulaire à l'irradiation. Ces découvertes sont importantes car elles permettent, d'une part de découvrir de nouveaux partenaires moléculaires et donc de nouvelles voies ou de nouveaux mécanismes de radiotoxicité cellulaire et d'autre part d'identifier des marqueurs d'intérêt dans la prédiction des effets indésirables.

Toutefois, pour valider d'éventuels marqueurs, et cela malgré n'importe quel type d'approche, une validation à grande échelle est nécessaire. Avec le coût croissant des méthodes de criblage très haut débit et la faible prévalence de telles complications, la solution pourrait venir de la création de consortiums internationaux. Sous l'impulsion des dernières avancées techniques, la recherche de marqueurs génétiques ou protéiques, prédictifs de la radiosensibilité des tissus sains, va profondément s'accélérer ces prochaines années.

Références

1. Becquerel H, Curie P (1901) Action physiologique des rayons du radium. CR Acad Sci Paris 132: 1289
2. Burnet NG, Nyman J, Turesson I, *et al.* (1992) Prediction of normal-tissue tolerance to radiotherapy from in vitro cellular radiation sensitivity. Lancet 339(8809): 1570-1
3. Johansen J, Bentzen SM, Overgaard J, Overgaard M (1994) Evidence for a positive correlation between in vitro radiosensitivity of normal human skin fibroblasts and the occurrence of subcutaneous fibrosis after radiotherapy. Int J Radiat Biol 66(4): 407-12
4. Geara FB, Peters LJ, Ang KK, *et al.* (1993) Prospective comparison of in vitro normal cell radiosensitivity and normal tissue reactions in radiotherapy patients. Int J Radiat Oncol Biol Phys 27(5): 1173-9
5. Johansen J, Bentzen SM, Overgaard J, Overgaard M (1996) Relationship between the in vitro radiosensitivity of skin fibroblasts and the expression of subcutaneous fibrosis, telangiectasia, and skin erythema after radiotherapy. Radiother Oncol 40(2): 101-9
6. Russell NS, Grummels A, Hart AA, *et al.* (1998) Low predictive value of intrinsic fibroblast radiosensitivity for fibrosis development following radiotherapy for breast cancer. Int J Radiat Biol 73(6): 661-70
7. Peacock J, Ashton A, Bliss J, *et al.* (2000) Cellular radiosensitivity and complication risk after curative radiotherapy. Radiother Oncol 55(2): 173-8
8. Bentzen SM (2008) From cellular to high-throughput predictive assays in radiation oncology: challenges and opportunities. Semin Radiat Oncol 18(2): 75-88
9. Oppitz U, Denzinger S, Nachtrab U, *et al.* (1999) Radiation-induced comet-formation in human skin fibroblasts from radiotherapy patients with different normal tissue reactions. Strahlenther Onkol 175(7): 341-6
10. Nachtrab U, Oppitz U, Flentje M, Stopper H (1998) Radiation-induced micronucleus formation in human skin fibroblasts of patients showing severe and normal tissue damage after radiotherapy. Int J Radiat Biol 73(3): 279-87
11. West CM, Elyan SA, Berry P, *et al.* (1995) A comparison of the radiosensitivity of lymphocytes from normal donors, cancer patients, individuals with ataxia-telangiectasia (A-T) and A-T heterozygotes. Int J Radiat Biol 68(2): 197-203
12. Jones LA, Scott D, Cowan R, Roberts SA (1995) Abnormal radiosensitivity of lymphocytes from breast cancer patients with excessive normal tissue damage after radiotherapy: chromosome aberrations after low dose-rate irradiation. Int J Radiat Biol 67(5): 519-28
13. Floyd DN, Cassoni AM (1994) Intrinsic radiosensitivity of adult and cord blood lymphocytes as determined by the micronucleus assay. Eur J Cancer 30A(5): 615-20
14. Huber R, Braselmann H, Bauchinger M (1992) Intra- and inter-individual variation of background and radiation-induced micronucleus frequencies in human lymphocytes. Int J Radiat Biol 61(5): 655-61
15. Ozsahin M, Ozsahin H, Shi Y, *et al.* (1997) Rapid assay of intrinsic radiosensitivity based on apoptosis in human CD4 and CD8 T-lymphocytes. Int J Radiat Oncol Biol Phys 38(2): 429-40
16. Ozsahin M, Crompton NE, Gourgou S, *et al.* (2005) CD4 and CD8 T-lymphocyte apoptosis can predict radiation-induced late toxicity: a prospective study in 399 patients. Clin Cancer Res 11(20): 7426-33
17. Azria D, Belkacemi Y, Romieu G, *et al.* (2010) Concurrent or sequential adjuvant letrozole and radiotherapy after conservative surgery for early-stage breast cancer (CO-HO-RT): a phase 2 randomised trial. Lancet Oncol 11(3): 258-65
18. Pollard JM, Gatti RA (2009) Clinical radiation sensitivity with DNA repair disorders: an overview. Int J Radiat Oncol Biol Phys 74(5): 1323-31
19. Andreassen CN, Alsner J (2009) Genetic variants and normal tissue toxicity after radiotherapy: a systematic review. Radiother Oncol 92(3): 299-309

4. Biomarqueurs et innovations diagnostiques

Ganglions sentinelles

10

F. Godey

Concept du ganglion sentinelle (GS)

Le statut métastatique ou non des ganglions de drainage d'une tumeur est un critère pronostique majeur dans beaucoup de localisations tumorales, mais l'ablation d'un ganglion indemne de cancer est sans effet sur la survie globale, d'où le développement de la technique du ganglion sentinelle afin d'éviter d'enlever des ganglions indemnes responsables d'une morbidité non négligeable chez les patients. Les ganglions dénommés « sentinelles » sont les premiers de la chaîne ganglionnaire dans laquelle se draine la lymphe et par conséquent les métastases d'une tumeur. Selon cette théorie, le curage ganglionnaire complet peut être évité si, d'une part, les ganglions sentinelles sont identifiés avec certitude durant l'intervention, et si, d'autre part, l'absence de métastases au sein de ces ganglions est validée. Ce geste a initialement été développé pour détecter les ganglions sentinelles de l'aine dans les cancers de la verge en 1977 puis ceux des mélanomes malins en 1992. Ce concept a ensuite été introduit comme une alternative à l'évidement axillaire dans le cancer du sein [1], puis plus récemment pour éviter les curages complets systématiques dans les tumeurs des voies aérodigestives supérieures [2], dans les tumeurs gastriques [3], dans les tumeurs de la vulve. La technique du ganglion sentinelle est également utilisée pour rechercher les premiers ganglions de drainage des tumeurs du côlon et du rectum. Dans ce cas, l'objectif est différent, il s'agit d'identifier quelques ganglions pour une analyse plus détaillée afin d'améliorer la classification des patients N0 *versus* N+ [4]. Une étude française récente a évalué pour les cancers du col de l'utérus la technique du GS mettant en évidence des voies de drainage lymphatique inhabituelles et permettant une analyse ciblée plus détaillée des ganglions sentinelles [5].

F. Godey (✉) Centre Eugène Marquis, Avenue de la Bataille Flandres-Dunkerque, 35000 Rennes – E-mail : f.godey@rennes.unicancer.fr

Sous la direction de Jean-Louis Merlin, *Les biomarqueurs moléculaires en oncologie*
ISBN : 978-2-8178-0444-6, © Springer-Verlag Paris, 2014

Technique du ganglion sentinelle

Il s'agit de rechercher des cellules tumorales dans les premiers ganglions de drainage de la tumeur. Pour cela, il faut tout d'abord les détecter puis procéder à leur ablation chirurgicale pour les analyser. Après un bref rappel des méthodes de détection utilisées, le développement de nouvelles méthodes d'analyse reposant sur des marqueurs moléculaires sera détaillé.

Méthodes de détection

Le taux de détection du ganglion sentinelle est lié à la technique d'identification de ce ganglion. Il peut y avoir un échec à la détection, et il est communément exigé un taux de détection supérieur à 90 % pour l'utilisation de la technique. Il existe également un risque de faux négatif du ganglion sentinelle se traduisant par un envahissement de ganglions non sentinelles avec ganglion sentinelle indemne de métastase, ce risque doit être aussi proche que possible de zéro. Les méthodes de détection reposent sur un repérage isotopique et/ou un marquage par coloration des ganglions sentinelles. Brièvement, le principe consiste en l'injection dans la tumeur ou l'organe concerné par la localisation tumorale d'un produit, soit radiomarqué, soit coloré. Pour les produits radiomarqués après diffusion du produit, les ganglions sentinelles peuvent être repérés et localisés par scintigraphie préopératoire, puis détectés en peropératoire par le chirurgien grâce à une sonde de détection de radioactivité. Pour les produits colorés, l'injection est réalisée peu de temps avant l'ablation et permet au chirurgien un repérage visuel des ganglions sentinelles. Des techniques de repérage par fluorescence ont été plus récemment développées ainsi que des techniques de repérage *via* des billes magnétiques colorées.

Méthodes d'analyse

État des pratiques histopathologiques

La gestion optimale du prélèvement du ganglion sentinelle ne fait pas l'objet d'un consensus. Il existe des recommandations mais aucune obligation n'est faite quant à la prise en charge du GS. Certaines équipes pratiquent une analyse du GS par réalisation d'apposition ou de coupes à congélation colorées et examinées par un anatomopathologiste disponible en extemporané, l'intérêt de cet examen peropératoire étant de réaliser, dans le même temps opératoire que l'ablation de la tumeur, l'ablation de tous les ganglions de la chaîne ganglionnaire, si le GS présente des cellules tumorales. Toutefois, l'examen extemporané n'a de valeur que positif avec un risque important de faux négatifs car une toute petite partie du GS est examinée. L'examen microscopique définitif sur ganglion fixé est la référence pour déterminer le statut ganglionnaire. L'analyse définitive du GS n'est pas standardisée, le nombre de coupes qui vont être analysées est très variable, de même que la méthode d'analyse (coloration H&E et/ou immunohistochimie) et l'espacement dans l'analyse microscopique des coupes sériées tous les 20 à 300 microns. Cette analyse histologique définitive permet de classer les GS en non métastatique, présence de cellules tumorales isolées, micrométastase (taille microscopique mesurée entre 0,2 et 2 mm) et macrométastase (taille microscopique mesurée supérieure à 2 mm). La définition de micrométastase et macrométastase a été établie en tenant compte de l'analyse histologique. Normalement toutes les macrométastases sont détectées avec des coupes du ganglion espacées tous les 2 mm, et des coupes tous les 200 microns sont nécessaires avec une analyse immunohistochimique (IHC) pour détecter les micrométastases si aucune métastase n'est détectée par coloration H&E. Toutefois, même dans ces conditions, toutes les petites métastases ne sont pas détectées, car l'ensemble du ganglion n'est pas examiné. C'est également pour cette raison que la recherche de cellules tumorales isolées est peu reproductible car très dépendante de l'échantillonnage examiné [6]. Au total, l'examen extemporané du GS par les techniques conventionnelles (apposition cytologique ou coupes en congélation) rend compte d'un taux de faux négatif important limitant l'intérêt de cet examen extemporané. L'analyse histologique définitive du GS n'est pas standardisée et nécessite la précision sur le compte rendu anatomopathologique du niveau d'échantillonnage (espacement et nombre de niveau de coupe du GS) et de la méthodologie utilisée (H&E et/ou IHC). Les techniques de biologie moléculaire se sont développées pour trouver des solutions non envisageables avec les techniques histologiques : permettre une analyse fiable et définitive du GS en extemporané, donner un résultat sur une analyse exhaustive de tout le ganglion, avec une standardisation du rendu de résultat comparable d'une équipe à l'autre.

Méthodes d'analyses moléculaires

Les méthodes d'analyses moléculaires développées pour détecter la présence de cellule tumorale dans le tissu ganglionnaire repose sur l'amplification d'ARN messager (ARNm) de protéines absentes ou très peu exprimées dans le ganglion non métastatique. La technique la plus connue pour l'amplification et la quantification d'ARNm est la *Reverse Transcription Polymerase Chain Reaction* (RT PCR) en temps réel. La *Reverse Transcription Loop mediated isothermal amplification* (RT LAMP) est une autre technique d'amplification, c'est celle utilisée pour amplifier l'ARNm de la cytokératine 19 (CK19) dans la seule trousse commerciale disponible sur le marché en 2012 pour rechercher les métastases ganglionnaires. Des techniques d'amplification d'ARNm par RT-PCR établies à façon par les équipes de recherche ont montré des résultats intéressants mais ce ne sont pas des tests diagnostiques validés. La réalisation d'un lysat ganglionnaire suivi d'une extraction d'ARN puis d'une amplification par RT PCR nécessite une journée de manipulation, « ces tests maison » ne sont pas réalisables en extemporané, les ganglions sont congelés puis analysés. Ainsi de nombreuses publications rapportent les résultats d'analyses réalisées par RT PCR pour rechercher les métastases ganglionnaires dans les cancers du sein [7-12], dans les tumeurs des voies aérodigestives supérieures [13-15], dans les tumeurs gastriques [16], dans les tumeurs coliques [17, 18], dans les mélanomes [19].

L'AJCC [20] a revu en 2002 le système de classification pour le cancer du sein en incluant la mention de techniques moléculaires utilisées pour la détection de métastases ganglionnaires correspondant à une classification pN0(mol+). Deux firmes ont investi pour le développement d'une technique moléculaire rapide réalisable en extemporané pour le dépistage des métastases ganglionnaires dans le cancer du sein : Veridex, société américaine filiale de Johnson et Johnson, avec GeneSearch™ BLN et Sysmex, société japonaise, avec OSNA *(One Step Nucleic Acid Amplification).*

La validation des analyses moléculaires est complexe car ces analyses ne sont réalisées que sur du lysat de ganglion frais ou congelé et, pour comparer le résultat de l'analyse moléculaire à celui de l'analyse histologique conventionnelle (technique de référence), le ganglion doit être partagé et analysé en parts égales avec les deux techniques. Le partage doit se faire selon des tranches alternées afin de minimiser les biais de localisation. Mais, même en respectant un partage alterné et équitable, on ne peut pas s'affranchir complètement de ces biais puisque ce qui est analysé en histologie ne peut pas être analysé par une technique moléculaire (fig. 1).

Technique GeneSearch™ BLN

Cette méthode d'analyse moléculaire approuvée CE et ayant le marquage FDA pour la détection des métastases ganglionnaires dans les ganglions sentinelles de patients opérés de tumeur mammaire n'est plus commercialisée par la société Veridex depuis fin 2009, mais a fait l'objet de nombreuses études et publications qui restent très intéressantes et font apparaître les enjeux des analyses moléculaires.

Principe du test

Le test GeneSearch™ BLN détecte qualitativement l'expression de deux gènes : la mammaglobine (MG) et la cytokératine 19 (CK19). Cette combinaison de deux marqueurs a été retenue sur les critères publiés par Backus *et al.* en 2005 [8]. Ces auteurs ont étudié différents marqueurs par RT PCR et

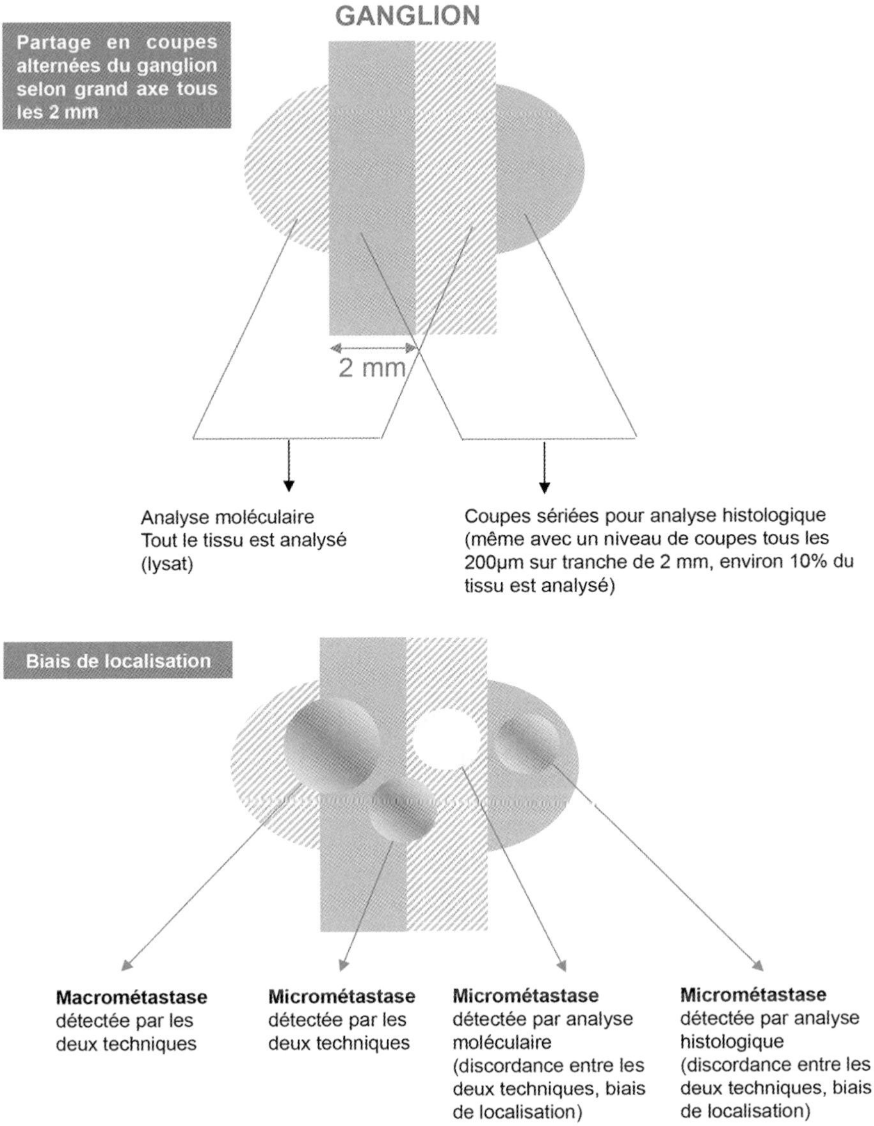

Fig. 1 – Illustration des biais de localisation.

ont mis en évidence avec une spécificité de 94 % que la meilleure sensibilité pour la détection de métastases ganglionnaires revient à la CK19, marqueur de cellules épithéliales (86 %), suivie du PDEF (79 %) et de la mammaglobine, marqueur spécifique de cellules mammaires (73 %). La combinaison de différents marqueurs a aussi été étudiée et la meilleure sensibilité retrouvée, toujours pour une spécificité à 94 %, en associant deux marqueurs CK19 et mammaglobine pour obtenir une sensibilité de 90 %.

Selon les préconisations du fournisseur, le ganglion est sectionné perpendiculairement au grand axe, une coupe sur deux est analysée avec le test GeneSearch™ BLN et le reste en histologie conventionnelle. Chaque ganglion est lysé, homogénéisé puis une extraction des acides nucléiques est réalisée. L'amplification par RT PCR en temps réel de l'ARNm de la mammaglobine, de la CK19 et d'un gène de ménage, le porphobilinogène désaminase (PBGD) constituant un contrôle interne, est réalisée pour chaque échantillon. Ce processus d'amplification produit des séquences d'ADN à double brin nommées amplicons, détectés avec trois sondes spécifiques couplées à des molécules fluorescentes ayant différentes longueurs d'onde d'excitation et d'émission. La détection de la fluorescence de chaque marqueur est réalisée automatiquement ; le rapport final conclut à la présence de métastase si une amplification de l'ARNm de la CK19 et/ou de la mammaglobine est détectée et à condition que la manipulation soit validée par l'amplification de l'ARNm du PBGD (contrôle de la manipulation). Les seuils décisionnels ont été établis de manière à détecter les métastases de plus de 0,2 mm et l'analyse finale qualitative ne distingue pas micrométastase de macrométastase. L'analyse pour un ganglion a été optimisée de façon à obtenir un résultat en 30 minutes (20 minutes d'amplification, et environ 10 minutes de préparation de l'échantillon), permettant une analyse en extemporané. La validation du test GeneSearch™ BLN a été réalisée aux États-Unis entre juillet 2004 et décembre 2005. Deux grandes études ont été menées sur plusieurs sites, la première pour déterminer les seuils décisionnels du test moléculaire, la deuxième pour valider les seuils décisionnels établis [21, 22]. Pour ces études, les ganglions ont été analysés en coupes alternées, une sur deux pour l'analyse histologique, l'autre pour l'analyse GeneSearch™ BLN. L'analyse histologique a été réalisée sur chaque site de même que l'analyse moléculaire et des coupes histologiques ont été collectées en plus pour une analyse centralisée. La concordance des résultats de l'analyse histologique entre deux pathologistes sur site périphérique (lecture sur les mêmes coupes) est de 98,3 %, la concordance entre les pathologistes des sites périphériques et ceux du site central est de 92,2 % (lecture sur coupes histologiques différentes), la concordance entre l'analyse moléculaire et l'analyse histologique centralisée de 92,3 % (analyse sur coupes différentes), ainsi la concordance du test moléculaire avec l'analyse histologique est la même que celle observée entre deux pathologistes sur des coupes différentes. À l'institut Jules Bordet de Bruxelles, où le test a été rapidement utilisé en routine [23], de nouveaux seuils décisionnels ont été étudiés pour distinguer les micrométastases et les macrométastases à partir d'une grande série de patients [24]. Une équipe anglaise a également publié une étude intéressante montrant l'impact économique du résultat GeneSearch™ BLN en extemporané, en évitant les reprises chirurgicales pour curage axillaire. Cette étude économique globale est très en faveur du test moléculaire par rapport à une étude histologique du ganglion sentinelle [25].

Pourquoi ce test n'est-il plus commercialisé alors que les résultats sont très performants pour détecter les métastases ganglionnaires ? Pour des raisons économiques selon la société Veridex qui a décidé d'abandonner la production. Ce test utilise un marqueur spécifique de tissu, la mammaglobine, son développement est donc limité à la pathologie tumorale mammaire. Or les auteurs américains qui ont participé à la validation du test moléculaire remettent maintenant en doute la nécessité d'un curage axillaire pour les tumeurs mammaires [26]. Cette firme américaine a possiblement décidé d'investir ailleurs compte tenu du dilemme en cancérologie mammaire sur la nécessité du curage axillaire ou non en présence d'un GS métastatique. En effet, si le curage n'est plus indispensable, l'atout du résultat en extemporané avec GeneSearch™ BLN perd de son intérêt. Or ce test est uniquement ciblé sur la pathologie mammaire, sans possible utilisation dans d'autres localisations tumorales.

Technique OSNA

Ce test nommé OSNA pour *One Step Nucleic Acid Amplification* a été mis au point et commercialisé par la société Sysmex. Il répond aux exigences de la directive 98/79/EC des DMDIV et porte le marquage CE mais n'a pas l'accréditation par la FDA. C'est actuellement le seul test diagnostique disponible sur le marché, cette nouveauté diagnostique modifie la démarche de prise en charges des GS par rapport aux méthodes histologiques conventionnelles (fig. 2).

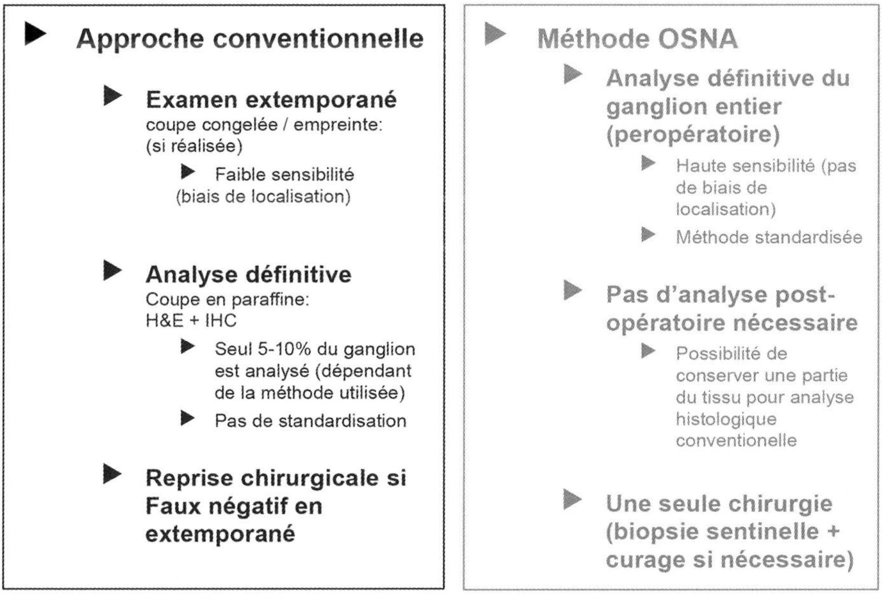

Fig. 2 – Comparaison de l'approche conventionnelle et de la méthode OSNA.

Principe du test

Le test détecte l'amplification d'un seul gène, la CK19, ce marqueur a été sélectionné parmi un panel de 55 gènes. L'ARNm CK19 a été choisi car ce marqueur est exprimé à un taux élevé dans les cellules tumorales mammaires par rapport aux cellules mammaires normales. Il est très faiblement détecté dans les ganglions lymphatiques normaux et son niveau d'expression est proportionnel au nombre de cellules tumorales [27].
La préparation des ganglions pour l'analyse est simple, il n'y a pas d'extraction des acides nucléiques. Le ganglion est broyé, le lysat est centrifugé, une amplification par RT LAMP de l'ARNm de la CK19 est réalisée sur le surnageant du lysat sur un automate, le RD100i (fig. 3).

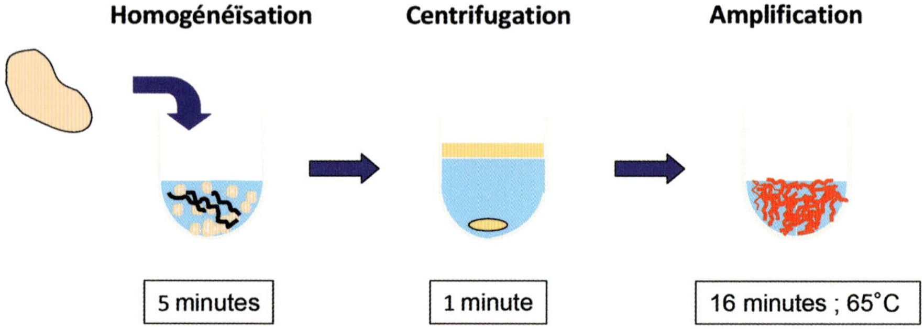

Fig. 3 – Schéma de la procédure simplifiée OSNA.

Les études de validation ont été menées de la même façon que pour le test GeneSearch™ BLN, à savoir une partition du ganglion en quatre fragments répartis alternativement entre une analyse histologique définitive et la technique OSNA. Pour l'utilisation en routine, les préconisations du fournisseur laissent à l'utilisateur le choix de broyer tout le ganglion ou de garder une tranche centrale pour une analyse histologique. Les pratiques tendent à s'harmoniser entre les différents utilisateurs pour mettre tout le ganglion dans l'analyse OSNA. Le problème d'une sous-expression dans certains cas de la CK19 et donc de faux négatifs avec la technique OSNA a justifié pour certains la conservation d'une tranche centrale, pour d'autres la réalisation d'une étude systématique de l'expression de la CK19 par immunohistochimie sur la biopsie tumorale, avant la réalisation d'un test OSNA. Le test OSNA était initialement en concurrence avec le test GeneSearch™ BLN et se distinguait de celui-ci par la technologie d'amplification moléculaire, mais aussi par le choix d'un seul marqueur, la CK19 spécifique des cellules épithéliales, alors que l'analyse GeneSearch™ BLN ajoutait un second marqueur spécifique des cellules mammaires, la mammaglobine. L'intérêt de ce deuxième marqueur n'a jamais été clairement démontré, car sa sensibilité est moins bonne pour la détection des cellules tumorales mammaires que celle de la CK19 et donc,

en présence d'une sous-expression de la CK19, il ne permet pas d'affirmer l'absence de métastase. Cette question a eu le mérite de conduire à des investigations pour mieux connaître le taux de sous-expression de la CK19 dans les tumeurs mammaires. Ces investigations ont pu mettre en évidence l'absence d'expression de la CK19 dans moins de 2,5 % des tumeurs mammaires [28]. Actuellement l'Association francophone pour l'étude en biologie moléculaire du ganglion sentinelle préconise d'analyser tout le tissu avec OSNA et de réaliser une apposition du ganglion, afin de garder une empreinte cytologique. Les GS entre 50 et 600 mg sont lysés dans 4 mL de lynorhag, les ganglions de plus de 600 mg sont partagés et analysés en plusieurs fractions. Pour les petits ganglions < 50 mg, le fournisseur n'a pas validé la procédure. La particularité de ce test est l'absence d'extraction d'acides nucléiques, l'amplification moléculaire étant directement réalisée sur le lysat. Deux préparations du lysat sont amplifiées : le lysat pur et une dilution de celui-ci au 1/10e. Cette dilution a été ajoutée à la procédure car certaines métastases n'avaient pas été détectées avec le test OSNA, du fait de substances interférentes dans le lysat qui bloquaient la réaction d'amplification. La dilution du lysat et donc des substances potentiellement inhibitrices de la réaction d'amplification a pour but de lever cette inhibition, ainsi ces métastases sont mieux détectées.
L'amplification par RT LAMP est automatisée sur un instrument appelé RD100i, dont la calibration doit être réalisée pour chaque journée opératoire ou lors de l'ouverture et de l'installation de tout nouveau réactif sur la machine. Pour ce faire, un set de trois calibrateurs est utilisé, puis la calibration est validée par deux contrôles, un positif et un négatif. Une fois calibrée, la machine est prête pour l'analyse des échantillons avec au maximum 4 échantillons pouvant être analysés simultanément en une série. Le temps d'amplification est de 16 minutes, auquel il faut ajouter le temps de distribution des réactifs et des échantillons. La machine ne dispose que d'un bras de distribution, donc le temps d'analyse s'allonge avec le nombre d'échantillons. Tout le matériel en place sur la machine est à usage unique : pointe de distribution, cupules de réaction. Pour chaque série d'amplification, un contrôle négatif et un contrôle positif sont systématiquement ajoutés pour valider la série.
La technique RT LAMP [29] est une procédure isothermique utilisant 6 amorces qui garantissent une amplification hautement spécifique et sensible (fig. 4).
Chaque fois qu'un nucléotide est utilisé pour l'amplification, il libère du pyrophosphate dans le milieu réactionnel qui contient du magnésium. Le principe de détection de la réaction d'amplification repose sur la formation d'un complexe de pyrophosphate de magnésium qui trouble le milieu réactionnel. Le seuil de turbidité pour la détection de ce trouble est fixé à 0,1. Le temps de réaction nécessaire pour atteindre ce seuil (temps d'élévation pour *rise time*) est inversement proportionnel aux nombres de copies d'ARNm CK19 présentes dans l'échantillon initial. Les seuils de détection de la technique OSNA ont été fixés en analysant des ganglions normaux et des ganglions présentant un

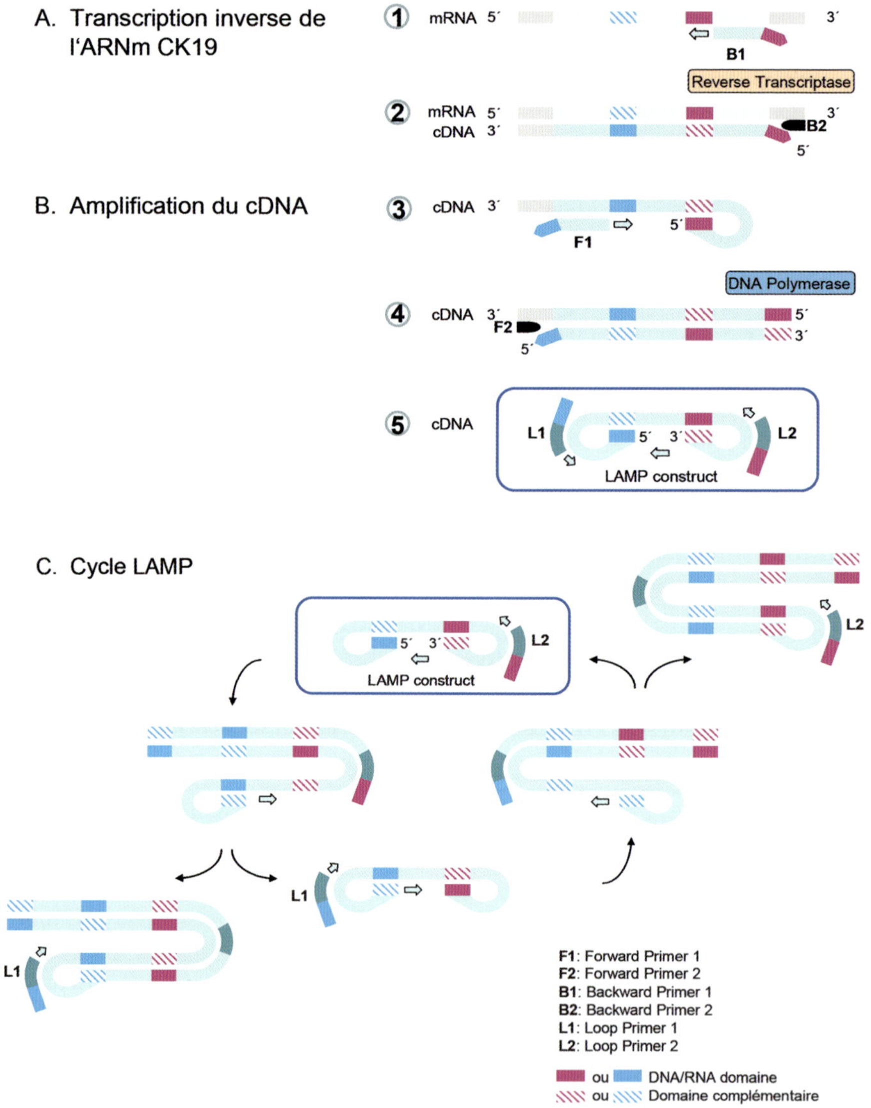

Fig. 4 – Méthode RT LAMP pour analyse OSNA.

foyer métastatique de 2 mm^3. Le premier seuil a été fixé en considérant le nombre de copies moyen plus 3 écarts types de l'analyse OSNA de ganglions normaux, soit 250 copies/µL d'ARNm CK19. Le seuil entre micrométastase et macrométastase a été fixé comme la plus petite valeur de l'analyse OSNA pour un foyer métastatique de 2 mm^3. Les seuils décisionnels établis sont cohérents avec ceux que l'on peut évaluer par calcul : avec environ 1000 copies de CK19 mRNA pour 1 cellule épithéliale de 10-20µm, un foyer tumoral de 0.2mm^3 équivaut à environ 8000 cellules soit environ 8 000 000 de copies de CK19

mRNA, le seuil décisionnel OSNA a été établi pour approximativement 5000 cellules soit 5 000 000 de copies, l'échantillon étant dilué au 1:20000 le seuil équivaut à 250 copies /µl. Ces seuils de détection obtenus par cette approche mathématique constituant un modèle théorique ont pu ensuite être confirmés à partir d'études de spécificités menées sur des échantillons négatifs de patients pN0, mais également à partir d'études de sensibilité sur des échantillons positifs provenant de patientes pN1-pN3.
Interprétation des résultats : à la fin de chaque série d'analyse et si les contrôles de qualité sont acceptés, un compte rendu est généré automatiquement. Le temps d'élévation est indiqué pour chaque lysat ainsi que le nombre de copies d'ARNm CK19 par microlitre de lysat déterminé à partir de la courbe de calibration. Les résultats sont interprétés comme suit (–) absence de métastase, (+) micrométastase, (++) macrométastase, (+)i positif par inhibition, nombre de copies dans le lysat dilué supérieur au nombre de copies dans le lysat pur, présence d'une métastase. Actuellement, des investigations sont en cours pour améliorer l'interprétation des résultats par inhibition et des modifications dans l'interprétation déjà validées par le fournisseur (tableau I).

Tableau I - Interprétation des résultats OSNA en fonction du nombre de copies d'ARNm CK19 dans le lysat pur et dilué au 1/10.

Nbre de copies ARNm CK19 */µl* de *lysat pur*	**Nbre de copies ARNm CK19 */µl de lysat dilué***	**Résultat qualitatif RD-100i**	**Interprétation du résultat**
< 250	< 250	(–)	Absence de métastase
> 250 et < 5 000	< 5 000	(+)	Micrométastase
> 5 000	quel que soit le nombre	(++)	Macrométastase
< 250	> 250 et < 5 000	(+) i	En faveur d'une micrométastase
> 250 et < 5 000	> 5 000	(+) i	En faveur d'une macrométastase
< 250	> 5 000	(+) i	En faveur d'une macrométastase

Cellules grisées : modifications dans l'interprétation par rapport à la version initiale du fournisseur suite à des études permettant de mieux quantifier en présence d'une inhibition.

OSNA et cancer du sein

La première étude publiée par une équipe japonaise a montré une concordance de 98,2 % entre l'analyse OSNA et l'analyse histologique pour la détection des métastases ganglionnaires de plus de 0,2 mm des cancers du sein [27]. Des études de validation ont été menées dans différents pays européens et au Japon. Ces études ont confirmé la possibilité d'utiliser OSNA pour détecter les métastases des GS avec une sensibilité de 91,7 % à 100 % et une spécificité de 90,8 % à 97,1 % [30-34]. Une autre approche a permis de comparer les résultats OSNA à ceux de l'histologie définitive dans la pratique quotidienne au sein d'une même institution, en comparant deux populations de patientes opérées de tumeurs du sein (T1a, T1b et T1c), l'une avec l'analyse des GS par histologie conventionnelle, l'autre avec analyse OSNA des GS. Cette étude a montré que le taux d'envahissement des GS était tout à fait comparable et non statistiquement différent entre l'analyse histologique 23,4 % et l'analyse OSNA 24,4 % [35], mettant ainsi en évidence que l'implémentation d'OSNA en routine ne modifiait pas le taux d'envahissement des GS mais en revanche évitait les reprises chirurgicales pour curage axillaire. Une seconde étude [36] a récemment confirmé ces résultats, montrant également que l'utilisation de la technique OSNA permettait de raccourcir significativement le délai de mise en place d'un traitement adjuvant. Bien que la différence ne soit pas significative (effectif insuffisant de petites tumeurs), OSNA semble détecter plus de métastases dans les GS des patientes présentant des petites tumeurs mammaires (T1a et *in situ*). Cette constatation a soulevé la question de possibles faux positifs OSNA. La présence de cellules mammaires non tumorales dans les GS a été évoquée mais ce phénomène est semble-t-il exceptionnel selon les études histologiques. De plus, les cellules mammaires normales exprimant moins la CK19 que les cellules tumorales et étant en petit nombre, il paraît peu probable que leur présence entraîne une positivité du test OSNA. En effet, minimum 5 000 cellules épithéliales sont nécessaires pour pouvoir être détectées par le test. D'autre part, la détection de faux positifs OSNA uniquement pour les T1a et *in situ* alors que pour les tumeurs plus grosses les résultats sont tout à fait concordants entre les deux techniques OSNA ou histologie est peu probable. Il est envisageable que l'analyse de tout le GS permette de quantifier des cellules tumorales isolées disséminées ou de petites micrométastases non détectées avec l'analyse histologique. L'analyse OSNA du ganglion entier permet de connaître le volume tumoral total présent dans le ganglion et le nombre de copies d'ARNm CK19 peut être considéré comme une variable continue qui va permettre de le quantifier. Il a été rapporté dans une étude récente [37] que le nombre de copies d'ARNm CK19 est un facteur prédictif indépendant du risque d'envahissement des ganglions de curage, avec un risque d'envahissement de plus de quatre ganglions dans le curage qui atteint 35,3 % pour un nombre de copies d'ARNm CK19 supérieur à 100 000.

La détection des petites métastases dans les GS a-t-elle une pertinence clinique pour le traitement des patientes opérées d'une tumeur mammaire infiltrante ? Le sujet est largement débattu depuis la publication des résultats de l'essai ACOSOG Z0011 [26], étude randomisée montrant qu'il n'y avait pas de différence significative en termes de survie globale et de survie sans récidive après curage complémentaire *versus* pas de curage, lorsque le GS était métastatique, pour des patientes bénéficiant d'une chirurgie mammaire conservatrice avec un traitement systémique (chimiothérapie, hormonothérapie) et une radiothérapie pour des petites tumeurs T1 ou T2. Cette publication a soulevé un débat dans la communauté médicale remettant en cause la démarche actuelle consistant à réaliser un curage axillaire si le GS est métastatique, ce dilemme est très controversé et il faut vraisemblablement avancer avec prudence dans une désescalade thérapeutique en attendant d'autres résultats. Pour les cancers *in situ* mammaires, la présence de cellules métastatiques dans les ganglions axillaires est théoriquement impossible en l'absence d'infiltrant, la détection d'une petite métastase avec OSNA a une autre signification et doit faire suspecter dans ce cas un foyer de carcinome infiltrant.

OSNA, développement de nouvelles indications dans d'autres pathologies tumorales que le cancer du sein

Le test OSNA, basé sur l'amplification de la CK19 marqueur de cellules épithéliales non spécifique d'un tissu, peut potentiellement être utilisé dans d'autres localisations tumorales pour lesquelles le niveau d'expression de la CK19 est élevé afin de détecter les métastases ganglionnaires. Le test OSNA est maintenant validé pour l'analyse des ganglions des tumeurs coliques [38, 39], l'intérêt du test dans cette indication est de permettre une analyse exhaustive des ganglions analysés et ainsi de détecter des petites métastases qui n'étaient pas diagnostiquées avec une analyse histologique. L'impact est important car l'indication d'une chimiothérapie adjuvante dans les tumeurs coliques est basée sur la présence ou non de métastases dans les ganglions adjacents à la tumeur. Un certain nombre de métastases ne sont pas détectées car les investigations histologiques ne permettent pas d'effectuer une analyse complète de tous les ganglions, une seule coupe est analysée après coloration H&E, compte tenu du nombre de ganglions qu'il faut analyser. Selon les recommandations minimum, 12 ganglions doivent être analysés pour la classification de la tumeur N0 ou N+ et le taux de faux négatif N0 est important, 11 % à 24 % pour les tumeurs T2, ces patients ne reçoivent pas de chimiothérapie adjuvante et ont un pronostic significativement moins bon. Une étude menée en Suisse et en Allemagne a évalué les performances du test OSNA par rapport à une analyse histologique détaillée (partage des ganglions comme pour les GS dans les cancers du sein) en gardant les mêmes seuils décisionnels que ceux établis pour le sein, la concordance entre OSNA et histologie « intensive » (H&E + IHC CK19) est de 97,4 % avec une sensibilité de 95,3 % et une spécificité de 97,9 % [40]. Toutefois, le problème en routine d'une analyse exhaustive de tous les ganglions avec OSNA est peu envisageable car les ganglions doivent être disséqués rapidement pour congélation ou analyse directe. L'identification et la dissection *ex vivo* de plus de 12 ganglions sont compliquées et très chronophages pour le pathologiste. Le concept du ganglion sentinelle *ex vivo* serait une solution pour disséquer et analyser de manière exhaustive les premiers ganglions de la tumeur colique [18]. Le principe consiste en l'injection dans la pièce de colectomie d'un colorant afin de disséquer les premiers ganglions, pour réaliser sur ces ganglions une analyse exhaustive avec OSNA. Les autres ganglions sont fixés et étudiés selon les méthodes histologiques conventionnelles.

Le test a également été validé pour l'analyse des ganglions sentinelles des cancers gastriques. L'étude de Yaguchi *et al.* [41] a montré une bonne concordance avec l'analyse histologique (94,4 %) pour une sensibilité de 88,9 % et une spécificité de 96,6 % avec le seuil de 250 copies/µL. En dehors des tumeurs mammaires, coliques et gastriques, le test OSNA n'est pas validé avec marquage CE pour son utilisation dans la détection des métastases ganglionnaires, mais les études de validation sont en cours pour l'analyse des ganglions sentinelles des cancers des voies aérodigestives supérieures [42] et en développement pour les tumeurs du poumon. Dans toutes ces nouvelles indications, l'objectif est de réduire l'investigation chirurgicale en évitant un évidement ganglionnaire systématique en l'absence de métastase dans les ganglions sentinelles. Les seuils décisionnels du test OSNA sont à valider dans ces nouvelles pathologies, un poster présenté à l'ASCO 2009 [43] pour les cancers épidermoïdes des voies aérodigestives supérieures mentionne un seuil décisionnel à 300 copies/µL, soit non significativement différent de celui déjà établi à 250 copies/µL. Dans toute nouvelle indication, il faut se poser la question de l'éligibilité du test OSNA en s'assurant que la tumeur exprime bien la CK19.

Quel avenir pour les techniques moléculaires ?

Pour mieux comprendre l'enjeu, il faut se rappeler que ces techniques moléculaires se sont développées car l'analyse histologique ne donnait pas entière satisfaction. Tout d'abord, quelle que soit la technique histologique utilisée en extemporané, les résultats manquaient de fiabilité pour une raison indépendante de la qualité de l'analyse anatomopathologique, mais liée au faible échantillonnage analysé dans le peu de temps imparti. Le même problème subsiste pour une analyse histologique définitive réalisée sur une seule coupe du ganglion. Dans ce cas, l'échantillonnage examiné n'est pas beaucoup plus détaillé qu'en extemporané et seule la coloration sur tissu fixé améliore la sensibilité de l'analyse. Pour cette raison, afin d'analyser les publications, il faut avoir le protocole d'analyse histologique en détail pour mieux comprendre la pertinence des résultats. Ne pas améliorer le taux de détection de métastase par analyse histologique définitive ou très peu par rapport à une analyse extemporanée équivaut souvent à une analyse histologique postopératoire très succincte. Le problème est insoluble pour l'analyse histologique conventionnelle qui va « à la pêche aux métastases ». Dans les ganglions, il faut « pêcher au bon endroit » (choisir le bon échantillonnage) et, plus on recherche une petite métastase, plus « les mailles du filet » (niveau de coupes) doivent être petites. Idéalement, pour un résultat fiable, il faut analyser tout le ganglion avec un niveau de coupe très serré, mais cela nécessite beaucoup de temps et ce n'est pas envisageable en pratique. Les recommandations pour une analyse détaillée par coloration H&E et IHC sont de réaliser des coupes tous les 150 à 300 µm de tout le ganglion. Dans ce cas, mathématiquement, pour un ganglion de 1 000 mm de grand axe coupé tous les 0,2 mm, le pourcentage de tissu analysé est de 5 %. Les techniques moléculaires peuvent apporter la solution à ce problème en analysant tout le tissu dans lequel est recherchée la métastase. Dans ce cas, il n'y a plus d'analyse histologique conventionnelle et il faut donc avoir une confiance absolue dans la technique moléculaire avec des études de validation qui permettent d'affirmer la fiabilité du test. Il faut pouvoir en pratique clinique respecter des conditions préanalytiques strictes de préparation du ganglion qui assurent la qualité du matériel testé : une préparation du tissu avec dissection rapide et dégraissage du ganglion, la préparation d'un lysat tissulaire homogène avec un broyage correct de tout l'échantillon, si l'on veut des analyses quantitatives reproductibles, une prise en charge des ganglions qui assure la conservation du marqueur moléculaire ou des marqueurs moléculaires amplifiés c'est-à-dire un traitement extemporané ou après congélation rapide du ganglion manipulé stérilement, et enfin ne pas contaminer l'échantillon avec des cellules non tumorales mais qui expriment le marqueur moléculaire recherché. Dans ces conditions, l'analyse moléculaire doit permettre de retrouver toutes les métastases avec une incertitude liée à la performance analytique du test moléculaire mais sans biais d'échantillonnage. Les techniques moléculaires maison sont informatives mais, du fait des contraintes de validation, ne seront pas applicables au diagnostic. Tant qu'une analyse exhaustive fiable standardisée des métastases dans les ganglions n'est pas réalisée, il est difficile de tirer des conclusions sur le devenir clinique des patients, alors pourquoi ne pas utiliser des outils d'analyse moléculaire plus standardisés et plus sensibles pour la détection des métastases et décider réellement, en connaissance du statut ganglionnaire et des caractéristiques de la tumeur, de la prise en charge optimale des patients ? Le prix est-il un obstacle à l'utilisation de ces techniques ? Avec OSNA, seul test actuel sur le marché, le coût réactif se situe entre 150 et 200 euros pour l'analyse de tous les GS d'un patient, auquel il faut ajouter le temps technique. Pour une analyse histologique conventionnelle d'un GS, la cotation actuelle est de 84 euros pour l'analyse extemporanée plus histologie définitive par coloration H&E d'une coupe, pour la réalisation de coupes supplémentaires analysées 33,6 euros, et enfin 56 euros pour une analyse en immunohistochimie, soit 173,6 euros pour un seul GS. Si l'on ne considère que le prix de l'analyse du GS, en comparant à la nomenclature admise pour les techniques histologiques avec analyse extemporanée et pour en moyenne deux GS par patient le coût est assez comparable entre l'analyse OSNA et l'histologie avec extemporané plus immunohistochimie, mais l'analyse OSNA est incontestablement plus chère qu'une analyse histologique conventionnelle sans analyse extemporanée. Cependant il faut également considérer que le résultat moléculaire est disponible rapidement et, en évitant les reprises pour curage, en permettant de traiter plus rapidement les patients, va permettre à l'institution d'augmenter la file active de patients traités tout en leur apportant un bénéfice. Il faut aussi considérer qu'un test moléculaire fiable doit permettre d'éviter à certains patients un curage réalisé auparavant sans analyse des GS. En effet, avec un risque d'envahissement des GS élevé, en l'absence d'un test fiable en extemporané, un curage systématique était souvent privilégié afin d'éviter une reprise chirurgicale. Finalement, en choisissant une analyse moléculaire des GS compte tenu de tous les bénéfices cités, les rares études économiques publiées ont montré un solde favorable pour les techniques moléculaires [25, 44]. Une étude médico-économique budgétisée par un financement dans le cadre des techniques innovantes a débuté en 2014 en France (STIC SAGE) et va analyser les coûts pour l'analyse des GS avec une technique « histologie conventionnelle » avec ou sans examen extemporané et avec la technique OSNA.

Références

1. Giuliano AE, Kirgan DM, Guenther JM, *et al.* (1994) Lymphatic mapping and sentinel lymphadenectomy for breast cancer. Ann Surg 220: 391-8
2. Werner JA, Dunne AA, Ramaswamy A, *et al.* (2004) The sentinel node concept in head and neck cancer: solution for the controversies in the N0 neck? Head Neck 26: 603-11
3. Hiratsuka M, Miyashiro I, Ishikawa O, *et al.* (2001) Application of sentinel node biopsy to gastric cancer surgery. Surgery 129: 335-40
4. Saha S, Dan AG, Viehl CT, *et al.* (2005) Sentinel lymph node mapping in colon and rectal cancer: its impact on staging, limitations, and pitfalls. Cancer Treat Res 127: 105-22
5. Bats AS, Mathevet P, Buenerd A, *et al.* (2013) The Sentinel Node Technique Detects Unexpected Drainage Pathways and Allows Nodal Ultrastaging in Early Cervical Cancer: Insights from the Multicenter Prospective SENTICOL Study. Ann Surg Oncol 20(2): 412-22
6. Weaver DL (2009) The prognostic importance of isolated tumor cell clusters and micrometastases in sentinel lymph nodes. Cancer Invest 27: 121-8
7. Abdul-Rasool S, Kidson SH, Panieri E, *et al.* (2006) An evaluation of molecular markers for improved detection of breast cancer metastases in sentinel nodes. J Clin Pathol 59: 289-97
8. Backus J, Laughlin T, Wang Y, *et al.* (2005) Identification and characterization of optimal gene expression markers for detection of breast cancer metastasis. J Mol Diagn 7: 327-36
9. Fisher CS, Cole DJ, Mitas M, *et al.* (2010) Molecular detection of micrometastatic breast cancer in histopathology-negative axillary lymph nodes fails to predict breast cancer recurrence: a final analysis of a prospective multi-institutional cohort study. Ann Surg Oncol 17 Suppl 3: 312-20
10. Merrie AE, Yun K, Gunn J, *et al.* (1999) Analysis of potential markers for detection of submicroscopic lymph node metastases in breast cancer. Br J Cancer 80: 2019-24
11. Revillion F, Lhotellier V, Hornez L, *et al.* (2008) Real-time reverse-transcription PCR to quantify a panel of 19 genes in breast cancer: relationships with sentinel lymph node invasion. Int J Biol Markers 23: 10-7
12. Wallwiener CW, Wallwiener M, Kurth RR, *et al.* (2011) Molecular detection of breast cancer metastasis in sentinel lymph nodes by reverse transcriptase polymerase chain reaction (RT-PCR): identifying, evaluating and establishing multi-marker panels. Breast Cancer Res Treat 130: 833-44

13. Ferris RL, Stefanika P, Xi L, *et al.* (2012) Rapid molecular detection of metastatic head and neck squamous cell carcinoma as an intraoperative adjunct to sentinel lymph node biopsy. Laryngoscope 122: 1020-30
14. Garrel R, Dromard M, Costes V, *et al.* (2006) The diagnostic accuracy of reverse transcription-PCR quantification of cytokeratin mRNA in the detection of sentinel lymph node invasion in oral and oropharyngeal squamous cell carcinoma: a comparison with immunohistochemistry. Clin Cancer Res 12: 2498-505
15. Tao L, Lefevre M, Ricci S, *et al.* (2006) Detection of occult carcinomatous diffusion in lymph nodes from head and neck squamous cell carcinoma using real-time RT-PCR detection of cytokeratin 19 mRNA. Br J Cancer 94: 1164-9
16. Shimizu Y, Takeuchi H, Sakakura Y, *et al.* (2012) Molecular detection of sentinel node micrometastases in patients with clinical N0 gastric carcinoma with real-time multiplex reverse transcription-polymerase chain reaction assay. Ann Surg Oncol 19: 469-77
17. Kelder W, Braat A, van den BA, *et al.* (2007) Value of RT-PCR analysis of sentinel nodes in determining the pathological nodal status in colon cancer. Anticancer Res 27: 2855-9
18. Nordgard O, Oltedal S, Korner H, *et al.* (2009) Quantitative RT-PCR detection of tumor cells in sentinel lymph nodes isolated from colon cancer patients with an ex vivo approach. Ann Surg 249: 602-7
19. Ito T, Moroi Y, Oba J, *et al.* (2012) The prognostic value of a reverse transcriptase-PCR assay of sentinel lymph node biopsy for patients with cutaneous melanoma: a single-center analysis in Japan. Melanoma Res 22: 38-44
20. Greene FL, A.J.C.C. (2002) AJCC cancer staging handbook: TNM classification of malignant tumors. 6th edition. Springer, New-York
21. Blumencranz P, Whitworth PW, Deck K, *et al.* (2007) Scientific Impact Recognition Award. Sentinel node staging for breast cancer: intraoperative molecular pathology overcomes conventional histologic sampling errors. Am J Surg 194: 426-32
22. Julian TB, Blumencranz P, Deck K, *et al.* (2008) Novel intraoperative molecular test for sentinel lymph node metastases in patients with early-stage breast cancer. J Clin Oncol 26: 3338-45
23. Veys I, Durbecq V, Majjaj S, *et al.* (2009) Eighteen months clinical experience with the GeneSearch breast lymph node assay. Am J Surg 198: 203-9
24. Veys I, Majjaj S, Salgado R, *et al.* (2010) Evaluation of the histological size of the sentinel lymph node metastases using RT-PCR assay: a rapid tool to estimate the risk of non-sentinel lymph node invasion in patients with breast cancer. Breast Cancer Res Treat 124: 599-605
25. Cutress RI, McDowell A, Gabriel FG, *et al.* (2010) Observational and cost analysis of the implementation of breast cancer sentinel node intraoperative molecular diagnosis. J Clin Pathol 63: 522-9
26. Giuliano AE, Hunt KK, Ballman KV, *et al.* (2011) Axillary dissection vs no axillary dissection in women with invasive breast cancer and sentinel node metastasis: a randomized clinical trial. JAMA 305: 569-75
27. Tsujimoto M, Nakabayashi K, Yoshidome K, *et al.* (2007) One-step nucleic acid amplification for intraoperative detection of lymph node metastasis in breast cancer patients. Clin Cancer Res 13: 4807-16
28. Castellano I, Macri L, Deambrogio C, *et al.* (2012) Reliability of whole sentinel lymph node analysis by one-step nucleic acid amplification for intraoperative diagnosis of breast cancer metastases. Ann Surg 255: 334-42
29. Notomi T, Okayama H, Masubuchi H, *et al.* (2000) Loop-mediated isothermal amplification of DNA. Nucleic Acids Res 28: E63
30. Le Frere-Belda MA, Bats AS, Gillaizeau F, *et al.* (2012) Diagnostic performance of one-step nucleic acid amplification for intraoperative sentinel node metastasis detection in breast cancer patients. Int J Cancer 130: 2377-86

31. Schem C, Maass N, Bauerschlag DO, *et al.* (2009) One-step nucleic acid amplification-a molecular method for the detection of lymph node metastases in breast cancer patients; results of the German study group. Virchows Arch 454: 203-10
32. Snook KL, Layer GT, Jackson PA, *et al.* (2011) Multicentre evaluation of intraoperative molecular analysis of sentinel lymph nodes in breast carcinoma. Br J Surg 98(4): 527-35
33. Tamaki Y, Akiyama F, Iwase T, *et al.* (2009) Molecular detection of lymph node metastases in breast cancer patients: results of a multicenter trial using the one-step nucleic acid amplification assay. Clin Cancer Res 15: 2879-84
34. Visser M, Jiwa M, Horstman A, *et al.* (2008) Intra-operative rapid diagnostic method based on CK19 mRNA expression for the detection of lymph node metastases in breast cancer. Int J Cancer 122: 2562-7
35. Godey F, Leveque J, Tas P, *et al.* (2012) Sentinel lymph node analysis in breast cancer: contribution of one-step nucleic acid amplification (OSNA). Breast Cancer Res Treat 131: 509-16
36. Klingler S, Marchal F, Rauch P, *et al.* (2013) Using One-Step Nucleic acid Amplification (OSNA) for intraoperative detection of lymph node metastasis in breast cancer patients avoids second surgery and accelerates initiation of adjuvant therapy. Ann Oncol 24:2305-9
37. Ohi Y, Umekita Y, Sagara Y, *et al.* (2012) Whole sentinel lymph node analysis by a molecular assay predicts axillary node status in breast cancer. Br J Cancer 107: 1239-43
38. Guller U, Zettl A, Worni M, *et al.* (2012) Molecular investigation of lymph nodes in colon cancer patients using one-step nucleic acid amplification (OSNA): A New Road to Better Staging? Cancer 118(24): 6039-45
39. Yamamoto H, Sekimoto M, Oya M, *et al.* (2011) OSNA-based novel molecular testing for lymph node metastases in colorectal cancer patients: results from a multicenter clinical performance study in Japan. Ann Surg Oncol 18: 1891-8
40. Croner RS, Schellerer V, Demund H, *et al.* (2010) One step nucleic acid amplification (OSNA) - a new method for lymph node staging in colorectal carcinomas. J Transl Med 8: 83
41. Yaguchi Y, Sugasawa H, Tsujimoto H, *et al.* (2011) One-step nucleic acid amplification (OSNA) for the application of sentinel node concept in gastric cancer. Ann Surg Oncol 18: 2289-96
42. Goda H, Nakashiro K, Yoshimura T, *et al.* (2008) Sentinel lymph node molecular staging in head and neck squamous cell carcinoma. J Clin Oncol (Meeting Abstracts) 26: abstr 17042
43. Goda H, Nakashiro K, Yoshimura T, *et al.* (2009) One-step nucleic acid amplification for detecting lymph node metastasis of head and neck cancer. J Clin Oncol (Meeting Abstracts) 27: abstr 6028
44. Guillen-Paredes MP, Carrasco-Gonzalez L, Chaves-Benito A, *et al.* (2011) [One-step nucleic acid amplification (OSNA) assay for sentinel lymph node metastases as an alternative to conventional postoperative histology in breast cancer: A cost-benefit analysis]. Cir Esp 89: 456-62

ADN tumoral circulant

11

M. Lion, A. Harlé, J.-L. Merlin

En oncologie, la recherche de mutations somatiques à visée théranostique est devenue la règle pour la prescription de certaines thérapies ciblées. Dans le cas du cancer colorectal, la recherche des mutations des gènes *RAS* est devenue essentielle pour la décision thérapeutique, le statut RAS sauvage étant nécessaire pour assurer l'efficacité des anti-EGFR (cetuximab et panitumumab) [1, 2]. De même, le géfitinib ne peut être prescrit qu'aux patients présentant une mutation activatrice de l'EGFR dans les cancers bronchiques non à petites cellules [3]. La mise en évidence de nouveaux biomarqueurs joue un rôle important dans l'évaluation de la réponse aux traitements expliquant la place de plus en plus importante qu'occupe la biologie moléculaire en oncologie. La caractérisation moléculaire des tumeurs permet de prédire l'efficacité des thérapies ciblées. D'où la nécessité de développer des techniques de détection de plus en plus sensibles, rapides et performantes, l'objectif actuel étant de fournir une thérapeutique la plus personnalisée possible, adaptée à chaque type de tumeur et à chaque patient.

Actuellement, toute recherche de mutation somatique nécessite au préalable la réalisation d'une biopsie ou d'une exérèse chirurgicale d'une métastase ou de la tumeur primitive. Le matériel prélevé est ensuite fixé, conformément aux recommandations de l'INCa [4] dans du formol tamponné ou plus rarement dans d'autres fixateurs comme l'AFA (acide acétique, formol et alcool) puis inclus en paraffine. Outres les problèmes liés au pré-analytique (temps d'ischémie chaude et froide, fixation des tissus...) [5], la réalisation de biopsie présente parfois certains inconvénients, notamment les contraintes liées à l'accessibilité du site à biopsier mais surtout relatives à l'invasivité et à la douleur que peut provoquer ce geste médical. De plus, il est considéré comme non éthique et, pour le moment, non scientifiquement fondé de pratiquer une seconde biopsie chez un patient pour lequel un premier résultat contributif

M. Lion, A. Harlé, J.-L. Merlin (✉) Institut de cancérologie de Lorraine, service de biopathologie, 6, avenue de Bourgogne, 54519 Vandœuvre-lès-Nancy – E-mail : m.lion@nancy.unicancer.fr

Sous la direction de Jean-Louis Merlin, *Les biomarqueurs moléculaires en oncologie*
ISBN : 978-2-8178-0444-6, © Springer-Verlag Paris, 2014

Depuis une dizaine d'années, de nombreuses techniques de diagnostic moléculaire ultrasensibles destinées à l'analyse de l'ADN tumoral circulant ont fait leur apparition sur le marché, parmi lesquelles nous pouvons citer la digital PCR, la droplet digital PCR (BioRad®, Marnes-la-Coquette, France), le beaming (Sysmex®, Kobe, Japan), la raindrop digital PCR (RainDance®, Billerica, États-Unis) et la méthode Intplex (INSERM, Montpellier, France). Toutes ces technologies permettent la détection et l'énumération de variations génétiques à partir d'ADN tumoral circulant (Tableau I).

- **Le beaming** *(beads, emulsion, amplification and magnetics)* (Sysmex®) est une technique réalisée en quatre étapes : pré-amplification, PCR en émulsion, hybridation et cytométrie de flux. Il s'agit d'une technique de PCR sur molécule d'ADN fixée sur bille magnétique sur lesquelles se trouvent les amorces spécifiques du gène d'intérêt. La PCR est réalisée sur les billes en émulsion. Des sondes fluorescentes marquées spécifiques de la séquence sauvage ou de la mutation sont ensuite ajoutées et s'hybrident à l'ADN amplifié. La dernière étape de la technique consiste en la détection de la fluorescence par cytométrie de flux et donc en la quantification du nombre de billes contenant de l'ADN muté. Le seuil de détection d'ADN circulant est de 0,01 % [7, 11, 16, 19-21].
- **La digital PCR** est une approche offrant une plus grande sensibilité et spécificité en comparaison à la PCR temps réel. Elle permet la détection d'un allèle cible à partir d'une faible quantité d'un échantillon en utilisant des quantités de réactifs plus faibles que la PCR conventionnelle. Elle permet la détection d'une copie par population. Cette technique nécessite au préalable l'isolement de molécules d'ADN par répartition de l'échantillon dans de multiples puits selon la méthode de dilution ultime. Une fois chaque molécule d'ADN isolée, une PCR est réalisée dans chaque puits. Chaque puits contient *in fine* une seule molécule d'ADN, c'est-à-dire que chaque puits contient zéro ou une copie de la séquence d'intérêt, d'où l'appellation « digitale » en comparaison à l'aspect binaire de l'approche [22-24].

  Cette technique permet l'identification des portions portant la mutation (positif) et des portions ne portant pas l'anomalie recherchée (négatif). Ainsi, à l'issue des réactions de PCR, le nombre de copies d'un allèle cible correspond au nombre de puits dans lesquels on peut détecter un signal de fluorescence.

  L'étude du rapport négatif/positif permet également de déterminer un nombre de copies d'ADN mutés, sans avoir recours à des contrôles internes [22-24].
- **La droplet digital PCR.** L'échantillon à analyser est émulsionné et réparti dans 20 000 gouttelettes contenant la cible d'intérêt et l'ADN non muté, distribués au hasard dans les gouttelettes. Ces gouttelettes sont ensuite transférées sur une plaque de 96 puits et l'amplification a lieu à l'aide d'un thermocycleur classique. Après amplification, chaque gouttelette

produit un signal fluorescent positif ou négatif indiquant si la mutation cible est présente ou non. Le nombre de gouttelettes positives et négatives dans chaque puits est utilisé pour calculer la concentration de la séquence d'intérêt. Les gouttelettes positives et négatives sont comptées dans l'échantillon puis un logiciel calcule la concentration d'ADN en copies par mL [25-27].

- **La raindrop digital PCR** (Raindance) est une technique de PCR digitale qui permet la détection d'allèles tumoraux peu fréquents. Il s'agit d'une technique sensible, spécifique qui permet une détection quantitative des mutations. Elle utilise des marqueurs de couleurs et d'intensités différentes permettant la détection de mutations spécifiques. Cette technique génère 1 à 10 millions de gouttelettes de taille de l'ordre du picolitre, ce qui est 500 à 10 000 fois plus performant que les autres techniques. Chaque gouttelette contient une molécule d'ADN. Cette technique mesure le ratio des gouttelettes présentant une mutation spécifique aux gouttelettes ne contenant que de l'ADN sauvage. Quatre-vingt mille réactions de PCR par seconde par gouttelette sont réalisées simultanément. Cette PCR en émulsion fait appel à des sondes Taqman® spécifiques des gènes mutés et non mutés en présence d'amorces et de l'échantillon d'ADN. Les sondes spécifiques sont conjuguées à un fluorophore qui générera un signal fluorescent [28-31].
Cette technique se réalise en trois grandes étapes : mise en émulsion, puis recueil de l'émulsion dans un tube PDMS (polydiméthylsiloxane) scellé (dispositif de collecte et de réinjection), thermocyclage de l'émulsion pour effectuer la PCR, puis dépôt sur un dispositif microfluidique. Au cours de l'amplification, les sondes Taqman® sont clivées et le fluorophore est libéré. L'amplification de l'ADN non muté génère un signal rouge fluorescent et celle de l'ADN muté un signal vert fluorescent. L'émulsion est ensuite réinjectée sur une puce microfluidique et les gouttelettes sont espacées par une solution huileuse, le signal fluorescent de chaque gouttelette est analysé avec calcul du ratio muté/non muté. Une fluorescence jaune est générée par les gouttelettes contenant de l'ADN à la fois muté et non muté, l'absence de fluorescence quant à elle est due à l'absence d'ADN. Cette technique présente de nombreux avantages, notamment une très bonne sensibilité. Elle peut détecter 1 mutant parmi 250 000 molécules de type sauvage avec une limite inférieure de détection de 1 à plus de 1 000 000. C'est une technique en multiplexage qui permet donc de réaliser simultanément l'analyse de 10 mutations [28-31]. La réaction a lieu en tube fermé afin d'assurer la meilleure qualité en éliminant les risques de contamination [28-31].
- **La méthode Intplex** est une Q-PCR spécifique d'allèle qui permet la détection de mutation et la détermination de la concentration d'ADN circulant [6]. Elle utilise un bloqueur spécifique d'allèle qui empêche l'amplification des séquences non mutées. Elle prend en compte la taille

Tableau I - Différentes techniques de digital PCR

Fabricant	Technique	Volume de l'échantillon	Nombre d'échantillons	qPCR	Précision	Multiplexage
Bio-Rad	QX200™ Droplet Digital™ PCR System	– 20 µl	– 1-8 échantillons/cartouche – 1-96 échantillons/run – 20 000 gouttelettes par échantillon	Non	+/– 10 %	Oui – Utilisation de 2 couleurs – Détection possibles de 2 mutations
RainDance Technologies	RainDrop™ Digital PCR System	– 5-50 µl	– 8 échantillons par run (5 millions de gouttelettes par minute) – 10^7 gouttelettes par échantillon – 8×10^7 gouttelettes par run	Non	Détection : 1mutant/25×10^4 wildtype Limite de détection : $1/10^6$	Oui – Utilisation de 2 couleurs (avec possibilité de faire varier la concentration des sondes) – Détection possible de 10 mutations
IRCM	Intplex	– 1 ml de Plasma – 5 µl d'ADN extrait	Plaque 96 puits	Oui	< 0,01 %	Oui – Détection possible de 1 à 10 mutations
Sysmex	BEAMing	– Echantillon initial de sérum/plasma: 0,5 ml-4 ml	Plaque 96 puits (5 puits contenant chacun 100µl d'émulsion) – Diamètre billes : 1µm – Compartiment de PCR : →diamètre : 3-10 µm → volume : 15-400 fl	Non	< 0,1 %	Oui – Détection possible de 10 mutations
Life technologies	QuantStudio™ 12K Flex System	– Plaque 96 puits : 10-100 µl – Plaque 384 puits : 5-20 µl	Plaque 96 puits : 10-100 µl Plaque 384 puits : 5-20 µl	Oui	< 1 copie	Oui – Utilisation de 2 couleurs – Détection possibles de 2 mutations
Fluidigm Corporation	– Digital PCR Biomark HD 48.770 digital Array IFC – Digital PCR EP1 48.770 Digital Array IFC	– 8 µl d'échantillon minimum	48 entrées par puce	Oui	1 copie/0,85 nl de réaction	Oui – Utilisation de 5 couleurs – Détection possible de 5 mutations

des ADN circulants < 135 pb et compare l'amplification des séquences de même taille et de même région (300 pb). Il s'agit d'un design expérimental permettant une grande sensibilité (0,005 % *mutant to WT ratio*). De plus, il s'agit d'une technique peu chère et rapide, ne durant que 2 jours et qui est environ 3 fois plus rapide que le beaming (ou *Fluidigm based methods*). Cette méthode a été testée sur 29 échantillons de plasma de sujets sains et aucune mutation n'a été détectée. Sur les échantillons cliniques de patients, le plus faible taux de mutations des gènes *KRAS* détectées dans le CCRm est de 0,013 %.

Concernant les techniques, les seuils de détection des différentes méthodes utilisées pour analyser les mutations à partir d'ADN extrait de tissu hétérogène sont variables : 10-20 % pour le séquençage directe, 5 à 10 % pour les techniques de PCR et $< 10^{-6}$ pour les techniques de PCR digitale. Ces seuils ont un impact potentiel direct sur le diagnostic moléculaire exprimé de façon qualitative [32].
L'analyse de l'ADN tumoral circulant est un examen en plein essor faisant appel à des techniques sensibles innovantes. Sa détection devrait permettre à court ou moyen terme la mise en place d'un suivi thérapeutique, mais également la mise en évidence de l'apparition de résistances aux traitements ou tout simplement la réponse à une thérapie anticancéreuse. Son rôle prédictif de la récidive de la maladie est également un point particulièrement intéressant. Les techniques actuellement disponibles sont cependant, pour la plupart, toujours à l'état de recherche et ne sont pas reconnues comme des examens diagnostiques validés. L'étude récente d'une équipe Montpelliéraine a démontré la faisabilité clinique sur 106 patients atteints d'un cancer colorectal métastatique et l'existence d'une corrélation forte entre l'ADN tumoral retrouvé au niveau circulant et le génome tumoral [33]. La faisabilité de ces techniques en routine reste cependant à démontrer.

Références

1. Douillard JY, Olinier KS, Tabernero J, *et al.* (2013) Panitumumab-FOLFOX4 treatment and RAS mutations in colorectal cancer. N Engl J Med. 369(11):1023-34
2. Stintzing S, Jung A, Rossius L, *et al.* (2013) Analysis of KRAS/NRAS and BRAF mutations in Fire-3: A Randomized phase III study of FOLFIRI plus cetuximab or bevacizumab as fist-line treatment for wild-type (WT) KRAS (exon 2) metastatic colorectal cancer (mCRC) patients. European Cancer Congress, LBA 17.
3. Schwarzenbach H, Hoon DS, Pantel K (2011) Cell-free nucleic acids as biomarkers in cancer patients. Nat Rev Cancer 11(6): 426-37
4. Bonnes pratiques pour la recherche à visée théranostique de mutations somatiques dans les tumeurs solides. e-cancer; 2010
5. Hofman V, Ilie M, Gavric-Tanga V, *et al.* (2010) [Role of the surgical pathology laboratory in the pre-analytical approach of molecular biology techniques]. Ann Pathol 30(2): 85-93

6. Mouliere F, Thierry AR (2012) The importance of examining the proportion of circulating DNA originating from tumor, microenvironment and normal cells in colorectal cancer patients. Expert Opin Biol Ther 2012(12): 18
7. Gormally E, Caboux E, Vineis P, Hainaut P (2007) Circulating free DNA in plasma or serum as biomarker of carcinogenesis: practical aspects and biological significance. Mutat Res 635(2-3): 105-17
8. Ramirez JL, Taron M, Balana C, *et al.* (2003) Serum DNA as a tool for cancer patient management. Rocz Akad Med Bialymst 48: 34-41
9. Madic J, Piperno-Neumann S, Servois V, *et al.* (2013) Pyrophosphorolysis-activated polymerization detects circulating tumor DNA in metastatic uveal melanoma. Clin Cancer Res 18(14): 3934-41
10. Kirk R (2013) Breast cancer: Circulating tumour DNA the better of the blood biomarkers. Nat Rev Clin Oncol 10(5): 26
11. Benesova L, Belsanova B, Suchanek S, *et al.* (2013) Mutation-based detection and monitoring of cell-free tumor DNA in peripheral blood of cancer patients. Anal Biochem 433(2): 227-34
12. Tong YK, Lo YM (2006) Diagnostic developments involving cell-free (circulating) nucleic acids. Clin Chim Acta 363(1-2):187-96
13. Dawson SJ, Tsui DW, Murtaza M, *et al.* (2013) Analysis of circulating tumor DNA to monitor metastatic breast cancer. N Engl J Med 368(13): 1199-209
14. Crowley E, Di Nicolantonio F, Loupakis F, Bardelli A (2013) Liquid biopsy: monitoring cancer-genetics in the blood. Nat Rev Clin Oncol 10(8): 472-84
15. De Mattos-Arruda L, Cortes J, Santarpia L, *et al.* (2013) Circulating tumour cells and cell-free DNA as tools for managing breast cancer. Nat Rev Clin Oncol 10(7): 377-89
16. Richardson AL, Iglehart JD (2012) BEAMing up personalized medicine: mutation detection in blood. Clin Cancer Res 18(12): 3209-11
17. Murtaza M, Dawson SJ, Tsui DW, *et al.* (2013) Non-invasive analysis of acquired resistance to cancer therapy by sequencing of plasma DNA. Nature 497(7447): 108-12
18. El Messaoudi S, Rolet F, Mouliere F, Thierry AR (2013) Circulating cell free DNA: Preanalytical considerations. Clin Chim Acta 424: 222-30
19. Lauring J, Park BH (2011) BEAMing sheds light on drug resistance. Clin Cancer Res 17(24): 7508-10
20. Heitzer E, Auer M, Hoffmann EM, *et al.* (2013) Establishment of tumor-specific copy number alterations from plasma DNA of patients with cancer. Int J Cancer 133(2): 346-56
21. Higgins MJ, Jelovac D, Barnathan E, *et al.* (2012) Detection of tumor PIK3CA status in metastatic breast cancer using peripheral blood. Clin Cancer Res 18(12): 3462-9
22. Pohl G, Shih Ie M (2004) Principle and applications of digital PCR. Expert Rev Mol Diagn 4(1): 41-7
23. Vogelstein B, Kinzler KW (1999) Digital PCR. Proc Natl Acad Sci U S A 96(16): 9236-41
24. Sanders R, Huggett JF, Bushell CA, *et al.* (2011) Evaluation of digital PCR for absolute DNA quantification. Anal Chem 83(17): 6474-84
25. Hindson BJ, Ness KD, Masquelier DA, *et al.* (2011) High-throughput droplet digital PCR system for absolute quantitation of DNA copy number. Anal Chem 83(22): 8604-10
26. Pinheiro LB, Coleman VA, Hindson CM, *et al.* (2011) Evaluation of a droplet digital polymerase chain reaction format for DNA copy number quantification. Anal Chem 84(2): 1003-11
27. Shuga J, Zeng Y, Novak R, *et al.* (2013) Single molecule quantitation and sequencing of rare translocations using microfluidic nested digital PCR. Nucleic Acids Res 41(16):e159
28. Pekin D, Skhiri Y, Baret JC, *et al.* (2011) Quantitative and sensitive detection of rare mutations using droplet-based microfluidics. Lab Chip 11(13): 2156-66
29. Brouzes E, Medkova M, Savenelli N, *et al.* (2009) Droplet microfluidic technology for single-cell high-throughput screening. Proc Natl Acad Sci USA 106(34): 14195-200

30. Zhong Q, Bhattacharya S, Kotsopoulos S, *et al.* (2011) Multiplex digital PCR: breaking the one target per color barrier of quantitative PCR. Lab Chip 11(13): 2167-74
31. Taly V, Pekin D, Benhaim L, *et al.* (2013) Multiplex Picodroplet Digital PCR to Detect KRAS Mutations in Circulating DNA from the Plasma of Colorectal Cancer Patients. Clin Chem 2013: 12
32. Mouliere F, El Messaoudi S, Gongora C, *et al.* (2013) Circulating Cell-Free DNA from Colorectal Cancer Patients May Reveal High KRAS or BRAF Mutation Load. Transl 6(3): 319-28
33. Thierry AR, Mouliere F, El Messaoudi S, *et al.* (2014) Clinical validation of the detection of KRAS and BRAF mutations from circulating tumor DNA. Nat Med. 20(4):430-5.

Imagerie moléculaire 12

B. Collin, A. Cochet, O. Humbert, J.-M. Vrigneaud, A. Oudot, A. Lalande, P.M. Walker, F. Denat, F. Brunotte, P. Fumoleau

Les biomarqueurs possèdent des caractéristiques qui sont mesurables de manière objective et reflètent un processus biologique normal, pathologique ou modifié par une intervention thérapeutique. En oncologie, ces biomarqueurs permettent la prédiction, le diagnostic, la stadification, la gradation ou encore l'évaluation de la réponse thérapeutique. La mesure de ces biomarqueurs peut se faire sur un échantillon tissulaire issu d'une biopsie, sur un échantillon de sang ou d'urine ou par imagerie anatomique, fonctionnelle ou moléculaire. En comparaison avec les approches biochimiques et histologiques, l'imagerie des biomarqueurs présente l'avantage d'être non invasive et d'être résolue dans le temps et l'espace. L'imagerie des biomarqueurs joue un rôle de plus en plus important dans la prise en charge des cancers, notamment dans la perspective de la médecine personnalisée [1].

B. Collin[1,3] (✉), A. Cochet[1], O. Humbert[1], J.M. Vrigneaud[1], A. Oudot[1], A. Lalande[2], P.M. Walker[2], F. Denat[3], F. Brunotte[4], P. Fumoleau[5]

1. Centre Georges-François Leclerc, 1 rue du Pr Marion, BP 77980, 21079 Dijon Cedex – bcollin@cgfl.fr

2. Laboratoire d'électronique, informatique et image (Le2i), UMR CNRS 6306, UFR Médecine, 7 Boulevard Jeanne-d'Arc, 21079 Dijon – Service de spectroscopie RMN, CHU de Dijon.

3. Institut de Chimie moléculaire de l'université de Bourgogne, UMR CNRS 6302, UFR Sciences et techniques, 9 avenue Alain-Savary, BP 47870, 21078 Dijon Cedex

4. Laboratoire d'électronique, informatique et image (Le2i), UMR CNRS 6306, UFR Médecine, Service de spectroscopie RMN, CHU de Dijon et service de médecine nucléaire, Centre Georges-François Leclerc, 1 rue du Pr Marion, BP 77980, 21079 Dijon Cedex

5. Centre Georges-François Leclerc, 1 rue du Pr Marion, BP 77980, 21079 Dijon Cedex, Service d'oncologie médicale

Sous la direction de Jean-Louis Merlin, *Les biomarqueurs moléculaires en oncologie*
ISBN : 978-2-8178-0444-6, © Springer-Verlag Paris, 2014

Différentes modalités d'imagerie

Plusieurs techniques permettent d'obtenir des images anatomiques, fonctionnelles ou moléculaires des tissus [2], aux niveaux préclinique et clinique. L'imagerie moléculaire permet la visualisation de phénomènes à l'échelle cellulaire et sub-cellulaire. Le choix de la modalité dépend largement de la concentration tissulaire attendue dont les seuils de détection varient de 10^{-3} M à 10^{-15} M suivant la technique (tableau I) [3]. Même si la tomodensitométrie (scanner à rayons X) est très utilisée pour l'imagerie anatomique, nous ne la traiterons pas, ses propriétés en matière d'imagerie moléculaire étant limitées.

Résonance magnétique nucléaire

Principes élémentaires

Certains noyaux ont la propriété de résonner dans un champ magnétique. Après une impulsion radiofréquence, les noyaux émettent un signal radiofréquence capté par des antennes. Le signal décroît selon deux paramètres : l'un lié à la désynchronisation des noyaux entre eux, appelé temps de relaxation transversale T2 et l'autre lié à la perte d'énergie, appelé temps de relaxation longitudinale ou T1 [4]. Le noyau le plus utilisé est le proton ou noyau d'hydrogène contenu dans l'eau et les graisses. La résonance magnétique nucléaire (RMN) du proton permet d'obtenir des images en codant l'espace par des variations de champ magnétique appelées gradients (IRM ou imagerie de résonance magnétique). Le temps de relaxation T1 est réduit par les agents paramagnétiques, au premier rang desquels les chélates de gadolinium, formes chimiques limitant la toxicité du gadolinium.

Principales informations obtenues

L'IRM procure des images de résolution millimétrique permettant d'apprécier, selon les séquences utilisées, la densité en proton, les temps de relaxation T1 et T2, la diffusion de l'eau caractérisée par le paramètre ADC *(Apparent Diffusion Coefficient)* [5]. La combinaison des différents paramètres permet de caractériser certains états comme l'œdème, la nécrose, la cellularité. L'injection d'agents de contraste permet d'apprécier facilement la perfusion tissulaire, la perméabilité capillaire, le volume sanguin, la fibrose [6]. La spectroscopie de RMN repose sur les modifications de la fréquence de résonance du proton induites par l'environnement moléculaire. La représentation de l'intensité en fonction de la fréquence constitue un spectre dont les pics peuvent être attribués à des molécules bien spécifiques [7].

Tableau I – Présentation des principales modalités d'imagerie disponibles

Méthode	Sensibilité (mol.L^{-1})	Translation vers la clinique	Coûts, contraintes, avantages, limites
Tomodensitométrie (scanner X, Computed Tomography ou CT)	10^{-3}	Courante	Coûteuse, irradiation, sensibilité insuffisante pour l'imagerie moléculaire.
IRM (Imagerie de Résonance Magnétique)	$10^{-3} – 10^{-5}$	Courante	Très coûteuse, quantification absolue parfois difficile, étude simultanée de plusieurs traceurs impossible. Permet des études dynamiques de la répartition des traceurs avec des résolutions temporelles de quelques secondes.
SRM (Spectroscopie de Résonance Magnétique)	$10^{-3} – 10^{-4}$	Courante	Très coûteuse, concerne la plupart du temps des molécules naturellement présentes dans les tissus étudiés. Nécessite des voxels de quelques dizaines de μL (animal) à quelques centaines de μL en clinique humaine
TEMP (Tomographie d'Émission Monophotonique)	$10^{-10} – 10^{-11}$	Courante	Très coûteuse, irradiante. Résolution spatiale plus faible (< 1 mm) chez l'animal que chez l'Homme (1 cm). Quantification absolue possible chez le petit animal, difficile chez l'Homme. Permet des études multi-isotopes. Nombreux traceurs disponibles.
TEP (Tomographie par Émission de Positons)	$10^{-11} – 10^{-12}$	Courante	Très coûteuse (ajouter au coût celui de la production par cyclotron d'isotopes de très courte période), irradiante, méthode quantitative, de résolution de l'ordre du mm en préclinique et de 4 mm en clinique. Nombreux traceurs disponibles.
Fluorescence	$10^{-9} – 10^{-12}$	Envisageable notamment pour des tissus relativement peu opaques (sein) et en endoscopie	Relativement peu coûteuse, Quantification difficile, profondeur d'exploration de l'ordre du cm. Permet des études simultanées de plusieurs traceurs. Résolution temporelle de quelques secondes en mode planaire. Contraintes d'installation limitées.
Bioluminescence	$10^{-15} – 10^{-17}$	Non	Absence de bioluminescence naturelle
Ultrasons	10^{-12}	Non	Très bonne résolution temporelle, difficulté de marquer et de produire les microbulles nécessaires à l'imagerie. Investigation limitées à des cibles endovasculaires accessibles aux microbulles
Autres modalités	$10^{-12} – 10^{-17}$	Non	Voir (3)

Avantages et limites

L'IRM peut fournir des images avec ou sans injection d'agent de contraste. Elle ne nécessite pas de radiations ionisantes. En plus de paramètres fonctionnels sophistiqués, elle permet de manière très fiable la mesure du volume tumoral. En revanche, elle connaît deux limitations : sa sensibilité en dessous du seuil de 10^{-4} M et la difficulté d'étalonnage pour produire des résultats de concentration en valeur absolue. Bien que mieux tolérés que les agents de contraste iodés utilisés en radiographie, les chélates de gadolinium sont sujets à des réactions d'intolérance et sont contre-indiqués en cas d'insuffisance rénale sévère. Les implants ferromagnétiques sont une contre-indication à l'IRM (par exemple stimulateurs cardiaques). L'IRM est une technique facile à utiliser de manière similaire en préclinique comme en clinique [8].

Imagerie utilisant la radioactivité

Principes élémentaires

La radioactivité est détectable à de très faibles concentrations. Les atomes radioactifs peuvent être intégrés à des molécules sans en changer le comportement biologique. Les radioéléments peuvent souvent être substitués par des éléments quasi identiques mais ayant des propriétés thérapeutiques. Les transformations radioactives ont pour conséquence l'émission de particules et de photons (rayons X ou gamma). Habituellement, ce sont les rayons X et gamma qui sont utilisés pour l'imagerie car ils sont pénétrants et traversent les tissus pour atteindre un détecteur externe. La détection peut se faire par projections de la répartition de la radioactivité sur un récepteur planaire (scintigraphie). Elle peut se faire sur des projections multiples autour du sujet à étudier. Ces projections multiples sur 180° ou 360° permettent de reconstruire des coupes tomographiques selon le principe de la TEMP (tomographie d'émission monophotonique) ou SPECT *(Single photon emission computed tomography)* [9, 10]. Le terme « monophotonique » ne veut pas dire que l'image est obtenue avec un seul photon mais que chaque photon est émis de manière séparée par opposition à la TEP (tomographie par émission de positons ou *PET, Positron emission tomography*) [11] : dans ce dernier cas, le positon (électron de charge positive ou particule β^+) émis s'annihile dans la matière avec un électron à charge négative en donnant deux photons d'énergie identique (511 keV) émis à 180° l'un de l'autre. Cette émission simultanée permet la détection en coïncidence par deux éléments de détection opposés. Le trajet parcouru par les deux photons dans la matière est connu puisqu'il s'agit de la ligne joignant les deux éléments de détection opposés (ligne de réponse). L'atténuation sur ce trajet peut être corrigée à l'aide d'une carte d'atténuation (coupe tomodensitométrique en général). L'atténuation est en revanche difficile à corriger en TEMP, faute de connaître le trajet exact parcouru par un photon unique. La TEP permet donc une mesure exacte des concentrations radioactives à l'inverse de la TEMP. Chez le petit animal, notamment la souris, il est possible de négliger l'atténuation des photons, ce qui fait que la TEMP peut être considérée comme quantitative. Les photons résultant de l'annihilation des deux électrons ont toujours la même énergie quel que soit le noyau radioactif dont est issu la particule β^+, ce qui les rend indiscernables alors que les photons détectés en TEMP sont, eux, distincts par leur énergie, ce qui permet de faire des études multi-isotopes.

Les radionucléides utilisables sont nombreux et leurs propriétés physiques doivent être compatibles avec la technique d'imagerie mise en œuvre [12, 13]. Le fluor 18 est un émetteur de positons de période 2 heures largement disponible pour marquage par substitution. La molécule la plus utilisée est le fluorodéoxyglucose (FDG). Le carbone 11 est un émetteur de positons de période 20 minutes utilisable seulement à proximité d'un cyclotron. L'atome de carbone n'est pas substituable et nécessite une synthèse particulière de la molécule marquée. L'iode qui permet de réaliser des marquages de manière relativement facile possède plusieurs isotopes utilisables en TEMP (iode 125 de période 60 jours, de faible énergie, utilisé uniquement en préclinique et iode 123 de période 13 heures) ou en TEP (iode 124 de période de 4,2 jours), voire en thérapie (iode 131 de période 8 jours). Plusieurs métaux permettent le marquage par le biais de chélateurs de molécules qui en règle générale sont destinées à rester extracellulaires comme les anticorps ou les ligands polypeptidiques de récepteurs en TEMP (technétium 99 métastable de période 6 heures, indium 111 de période 2,8 j) ou en TEP (gallium 68 de période 68 minutes, cuivre 64 de période 13 heures).

Principales Informations obtenues

L'usage des traceurs radioactifs est une référence en matière d'imagerie moléculaire en permettant l'imagerie des récepteurs ou l'imagerie de cibles intracellulaires. Différentes méthodes de quantification ont été proposées, dont la plus connue en clinique est le SUV *(Standard Uptake Value)* qui consiste à rapporter la concentration radioactive à la radioactivité injectée par unité de poids du sujet. Des modèles plus sophistiqués permettent d'accéder à des informations sur les échanges entre compartiments, sur la captation tissulaire, sur le débit sanguin tumoral.

Avantages et limites

La résolution spatiale est millimétrique pour la TEP et la TEMP chez le petit animal, de l'ordre de 4 mm pour la TEP chez l'Homme. En revanche, en clinique, la TEMP peut avoir une résolution aussi mauvaise que 15 à 20 mm en profondeur. Toutes les méthodes permettent une mesure assez précise des concentrations sauf la TEMP clinique. L'usage de la radioactivité est à l'origine de coûts élevés et de contraintes de radioprotection.

Imagerie optique

L'imagerie optique est très disponible et facile à mettre en œuvre avec un minimum de contraintes d'environnement et de coût. Elle jouit d'une sensibilité proche, voire meilleure que la radioactivité. Elle est limitée par la distance de pénétration réduite de la lumière et les phénomènes de diffusion. Cela restreint les perspectives translationnelles à l'Homme à la détection endoscopique ou peropératoire ou encore à l'étude de tissus peu opaques à la lumière. Deux principes sont mis en œuvre pour l'imagerie optique : la bioluminescence et la fluorescence [2, 3, 14]. La bioluminescence est une propriété moléculaire consommatrice d'énergie qui produit de la lumière (couple luciférine-luciférase). La fluorescence est l'émission de photons par des molécules endogènes ou exogènes soumises à des photons incidents ($_{\text{incident}} < _{\text{émission}}$). Pour l'émission photonique, le proche infrarouge est très utilisé en raison de ses bonnes propriétés de pénétration tissulaire. Ces systèmes nécessitent des filtres adaptés pour sélectionner les longueurs d'onde d'intérêt et peuvent fonctionner en mode tomographique.

Autres techniques d'imagerie

D'autres techniques sont en plein développement tels que les ultrasons (microbulles vectorisées), la microscopie intravitale (résolution spatiale de l'ordre de la dizaine de microns), l'imagerie photoacoustique (production sonore sous l'effet de l'absorption de la lumière) et enfin l'imagerie Raman (amplification de la diffusion Raman par un substrat métallique) [3].

Imagerie multimodale

De nombreuses techniques d'imagerie sont multimodales, reposant sur l'usage conjoint ou successif de méthodes d'imagerie aux principes physiques différents. Le plus connu est le couplage de la TEP ou de la TEMP à la tomodensitométrie [11]. D'autres approches multimodales sont envisageables avec le couplage de molécules à diverses sources de signaux [15, 16]. À l'heure actuelle, l'approche combinant l'imagerie quantitative TEP, très sensible, et l'imagerie IRM, très résolue, semble très prometteuse [17].

Caractéristiques des cancers, biomarqueurs et imagerie moléculaire

Caractéristiques des cancers [18]

Hanahan et Weinberg ont écrit une revue de référence concernant les caractéristiques des cellules tumorales, nécessaires au développement des cancers. Ainsi, les cellules tumorales sont principalement caractérisées par une autonomie vis-à-vis des signaux de croissance, une insensibilité aux signaux d'arrêts de croissance, l'évasion de l'apoptose, un potentiel réplicatif illimité, l'induction de l'angiogenèse et l'activation de l'invasion tissulaire/métastatisation. Ces auteurs ont complété ces caractéristiques initiales avec d'autres dites « émergentes » : la dérégulation du métabolisme énergétique et l'inhibition de la destruction tumorale par le système immunitaire. Par ailleurs, ils ont souligné que dans un contexte tumoral, l'inflammation et l'instabilité génomique représentent des facteurs favorables au développement des cellules cancéreuses. Toutes ces caractéristiques représentent une source majeure de biomarqueurs mesurables par différentes techniques dont l'imagerie moléculaire.

Imagerie moléculaire des biomarqueurs tumoraux

Les principaux intérêts de l'imagerie moléculaire vont résider dans la distinction entre les tissus sains et les tissus tumoraux (biomarqueurs diagnostiques) et la démonstration des effets d'une intervention thérapeutique (biomarqueurs d'efficacité) [1]. Au regard des différentes caractéristiques évoquées précédemment, de nombreuses approches ont été développées pour essayer d'imager la majorité d'entre elles (tableau II).

Imagerie de la prolifération cellulaire

L'imagerie de la prolifération est possible en TEP avec, par exemple, la ^{18}F-Fluorothymidine (FLT), analogue de base azotée de l'ADN. Cette molécule est incorporée pendant la phase S pour être piégée dans les cellules cancéreuses après phosphorylation par la thymidine kinase de type 1. En dépit des possibles difficultés d'interprétation, il s'agit d'une méthodologie prometteuse pour évaluer l'effet des traitements [19].

Tableau II – Biomarqueurs des cancers accessibles à l'imagerie moléculaire avec des exemples de traceurs sélectionnés pour chaque biomarqueur. *DCE-MRI : Dynamic Contrast-Enhanced Magnetic Resonance Imaging : c'est une technique d'imagerie fonctionnelle permettant d'évaluer la perfusion tumorale, donc indirectement de l'angiogenèse.

Biomarqueur (référence bibliographique)	Cible biologique	Type de signal (émission)	Traceurs	Modalité
Prolifération [19]	Synthèse de l'ADN	Radioactivité (β^+)	^{18}F-Fluorothymidine	TEP
Apoptose [20]	Phosphatidylsérine membranaire	Radioactivité (γ)	^{99m}Tc-Annexine V	TEMP
	Empreinte membranaire	Radioactivité (β^+)	^{18}F-ML10	TEP
	Caspase 3	Radioactivité (β^+)	$^{11}C/^{18}F$-Isatines	TEP
		Bioluminescence	Luciférase/Luciférine	Optique
Angiogenèse [21, 22]	Intégrine $\alpha_V\beta_3$	Radioactivité (β^+)	^{18}F-RGD	TEP
	Récepteur au VEGF		^{64}Cu-$VEGF_{121}$	
	Perfusion tumorale*	Paramagnétisme	Complexes de gadolinium	IRM
Hypoxie [22]	Métabolisme réducteur	Radioactivité (β^+)	^{18}F-Fluoromisonidazole ^{64}Cu-ATSM	TEP
Invasion – métastases [23]	MMP (inhibition)	Fluorescence	Cy5.5-C6	Optique
Métabolisme [1, 3, 24-26]	Glycolyse aérobie	Radioactivité (β^+)	^{18}F-FDG	TEP
	Synthèse protéique		^{11}C-Méthionine, ^{18}F-Fluoroéthyltyrosine	
	Synthèse des lipides membranaires		^{18}F-Fluorocholine	
		Spectroscopie RMN du proton (choline)	Sans objet	RMN
Récepteur [27, 38, 39]	HER2	Radioactivité (γ)	^{111}In-DOTAGA-Trastuzumab	TEMP
	Récepteur à l'œstradiol	Radioactivité (β^+)	16-^{18}F-Fluoro-17-œstradiol	TEP
Instabilité Génomique [28]	ADN génomique	Radioactivité (γ, β^+) fluorescence, bioluminescence, paramagnétisme	Gènes rapporteurs	TEMP, TEP, Imageurs optiques, IRM
Immunité [1, 29]	Lymphocytes T, cellules dendritiques, macrophages	Radioactivité (γ, β^+) fluorescence, bioluminescence, paramagnétisme	Marquages directs, gènes rapporteurs	TEMP, TEP, Imageurs optiques, IRM

Imagerie de l'apoptose

L'imagerie TEMP a apporté d'importantes contributions dans le domaine de l'imagerie de l'apoptose avec l'annexine V radiomarquée avec du technétium 99 métastable (^{99m}Tc-Annexine V), notamment en tant que biomarqueur précoce d'efficacité thérapeutique [20]. L'annexine V a une grande affinité pour la phosphatidyl-sérine membranaire exposée par les cellules apoptotiques. Par ailleurs, le ^{18}F-ML-10, radiotraceur TEP de la société Aposense®, permet la détection de l'empreinte apoptotique membranaire [20]. Cette molécule devrait obtenir une autorisation de mise sur le marché très prochainement.

Imagerie de l'angiogenèse

Les intégrines et notamment la forme $\alpha_V\beta_3$ sont fortement exprimées à la surface de cellules endothéliales impliquées dans l'angiogenèse tumorale. L'imagerie des intégrines a été réalisée en utilisant des tripeptides RGD radiomarqués (arginine-glycine-acide aspartique) reconnaissant la sous-unité $\alpha_V\beta_3$. L'imagerie TEP semble la plus prometteuse, avec des radiotraceurs marqués au fluor 18 en cours de tests cliniques [21].

Imagerie de l'hypoxie

L'hypoxie tumorale résulte d'un déséquilibre entre l'apport d'oxygène par des vaisseaux tumoraux peu efficaces et les besoins en oxygène de cellules très actives métaboliquement. C'est un facteur de mauvais pronostic, dont la quantification peut s'avérer très utile en vue de la planification de radiothérapie. Les traceurs TEP les plus documentés sont le ^{18}F-Fluoromisonidazole et le ^{64}Cu-diacétyl-bis(N^4-méthylthiosemicarbazone) ou ^{64}Cu-ATSM. Une fois dans la cellule, ils demeurent piégés après réduction, permettant ainsi l'imagerie des tissus tumoraux hypoxiques [22].

Imagerie du potentiel métastatique et de la métastatisation

Les métalloprotéases (MMP) dégradent la matrice extracellulaire pour favoriser l'invasion tumorale. Il est possible d'en faire l'imagerie en utilisant des inhibiteurs peptidiques couplés par exemple à un fluorophore [23] afin d'obtenir des informations sur l'agressivité éventuelle de la tumeur.

Imagerie du métabolisme

Le métabolisme glucidique est le plus étudié avec une molécule connue depuis longtemps et ayant une autorisation de mise sur le marché (AMM) : le ^{18}F-Fluorodéoxyglucose (FDG). L'utilisation de ce sucre radiomarqué est fondée sur la dérégulation métabolique tumorale favorisant la glycolyse aérobie

(effet Warburg), associée à une surexpression du transporteur membranaire du glucose GLUT-1 (Glucose Transporter-1). Une fois dans la cellule, le FDG est phosphorylé en FDG-6 monophosphate par l'hexokinase. Cela conduit à son blocage dans la cellule tumorale permettant sa détection. Cet effet a été largement mis en évidence en clinique pour le diagnostic, la stadification et le suivi thérapeutique de nombreux cancers [1]. Le FDG est également un excellent outil pour évaluer des nouvelles thérapies anticancéreuses à l'aide de modèles précliniques [24].
Le métabolisme protéique est généralement accru dans les cellules tumorales et il est possible d'en faire l'imagerie moléculaire en TEP avec des acides aminés radiomarqués (par exemple ^{11}C-Méthionine ou ^{18}F-Fluroéthyltyrosine), utilisés notamment pour l'imagerie des gliomes [25]. Le métabolisme lipidique tumoral peut être suivi en TEP avec des traceurs s'incorporant dans la membrane plasmique telle que la ^{18}F-Fluorocholine. Ce radiopharmaceutique possède une AMM dans le cancer de la prostate et le carcinome hépatocellulaire. Soyka *et al.* ont démontré que la TEP à la ^{18}F-Fluorocholine permettait de modifier la stratégie thérapeutique pour 48 % des patients étudiés atteints d'un cancer de la prostate [26].

Imagerie des récepteurs

La mesure de l'expression d'un récepteur tumoral peut aider à sélectionner un patient pour une thérapie ciblée. Ainsi, il est possible de faire de l'imagerie TEMP de récepteurs tels que le *Human epidermal growth factor receptor 2* (HER2) (fig. 1) de manière très spécifique en utilisant le trastuzumab radiomarqué à l'indium 111 *via* un agent bifonctionnel chélatant de dernière génération [27].

Imagerie de l'expression des gènes

L'imagerie de l'expression des gènes peut s'effectuer grâce à la technique du gène rapporteur qui consiste à coupler le gène à étudier à un gène codant une protéine pouvant générer un signal pour l'imagerie. Les imageries optiques, TEMP et TEP sont classiquement utilisées avec une progression significative de l'IRM sur la dernière décennie [28].

Imagerie des cellules immunitaires

Cette imagerie apporte des informations majeures pour la compréhension du rôle du système immunitaire dans la physiopathologie des cancers et l'évaluation des effets de l'immunothérapie. Les cellules dendritiques, macrophages et lymphocytes T ont particulièrement été étudiés dans les principales modalités, après marquage direct avec une sonde *ad hoc* ou utilisation de gènes rapporteurs [29].

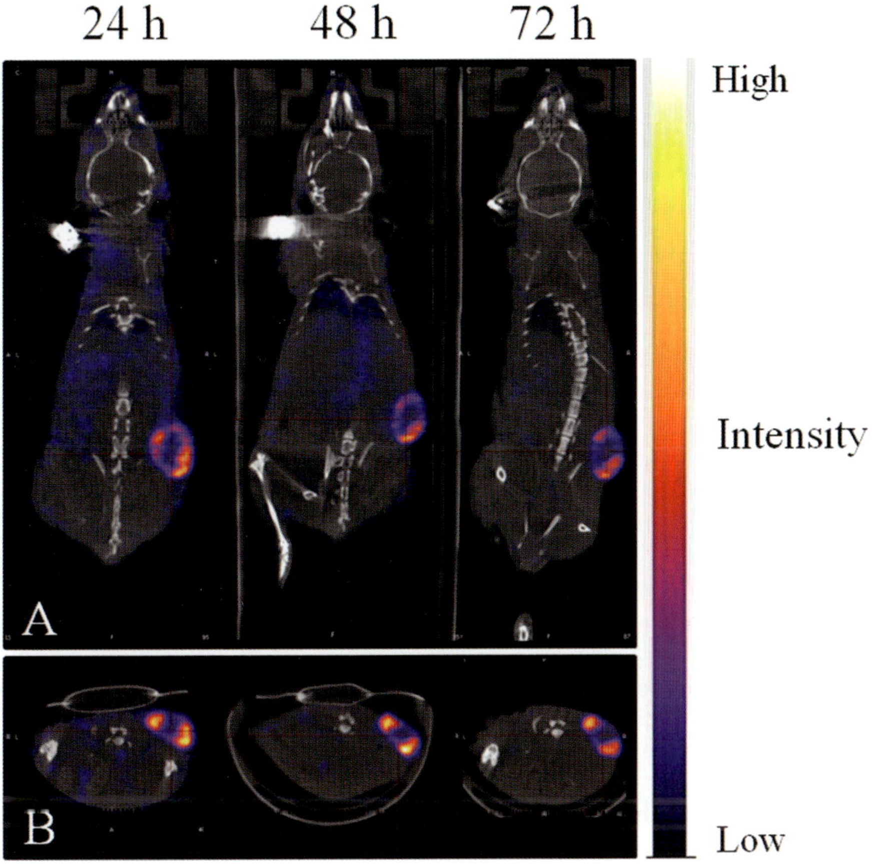

Fig. 1 – Coupes coronales (A) et axiales (B) obtenues par TEMP-CT à 24, 48 et 72 heures après injection de ^{111}In-DOTAGA-Trastuzumab à des souris xénogreffées avec des tumeurs BT-474 (lignée de cancer du sein humain HER2 positive) [27].

Exemple d'application : imagerie moléculaire des biomarqueurs des cancers du sein

L'hétérogénéité des cancers du sein se traduit notamment par le niveau d'expression de certains récepteurs mais également par les caractéristiques fonctionnelles et métaboliques de la tumeur, et enfin par l'environnement tumoral (hypoxie, angiogenèse).

Dans le cadre du traitement du cancer du sein, l'imagerie moléculaire peut avoir une utilité dans les cancers localement avancés (traitement néoadjuvant) ou au cours de la maladie métastatique. Dans ces deux situations, le développement de marqueurs d'imagerie pour évaluer précocement la réponse à un traitement permet une approche individualisée de la stratégie thérapeutique, étape essentielle dans le développement d'une médecine personnalisée. De multiples marqueurs d'imagerie ont été étudiés dans le cancer du sein, pour répondre à la diversité des caractéristiques tumorales et des stratégies thérapeutiques disponibles. Nous nous proposons de passer en revue les principaux processus biologiques faisant l'objet d'études actuelles dans les domaines préclinique et clinique.

Imagerie du métabolisme

La TEP au FDG (fig. 2A) a prouvé son efficacité pour le bilan d'extension initial (notamment la recherche de métastases à distance dans les cancers localement avancés) et la recherche de récidive [30, 31]. La TEP au FDG s'est également révélée utile pour l'évaluation de la réponse aux chimiothérapies cytotoxiques, aussi bien dans un contexte néoadjuvant [32] qu'en situation métastatique [33]. Il convient également de tenir compte de l'hétérogénéité tumorale, le profil de réponse métabolique au traitement étant très différent d'un sous-type de cancer du sein à l'autre [34]. Le FDG présente des limitations d'ordre biologique, l'hypermétabolisme glucidique n'étant pas une spécificité de la cellule cancéreuse, la capacité des tissus inflammatoires à capter le FDG peut compliquer l'interprétation des images réalisées durant le traitement. De plus, les chimiothérapies cytotoxiques peuvent entraîner initialement une augmentation de la captation tumorale de FDG du fait d'une activation de processus de réparation cellulaire énergie dépendants.
L'étude du métabolisme de la choline pourrait être une alternative au FDG pour les tumeurs mammaires de bas grade, notamment pour la prédiction de l'efficacité de l'hormonothérapie. L'activité de la choline kinase α, enzyme clé du métabolisme de la choline est dépendante de la voie de signalisation MAPK, qui module également la prolifération œstrogène indépendante. De plus, Kenny *et al.* ont récemment observé une diminution de la captation tumorale de ^{11}C-choline après 1 mois de traitement par trastuzumab chez des patientes présentant un cancer du sein surexprimant HER2 [35].

Imagerie de la prolifération tumorale

Le traceur le plus utilisé en clinique (fig. 2B) est la FLT. Contractor *et al.* ont récemment démontré l'intérêt de la TEP à la FLT pour évaluer précocement l'efficacité du docétaxel chez 20 patientes présentant un cancer du sein localement avancé ou métastatique [36]. Les données concernant la FLT sont donc très prometteuses mais l'expérience clinique est encore très limitée.
La prolifération tumorale peut également être évaluée indirectement grâce à l'IRM de diffusion, fondée sur la diminution des micro-mouvements des molé-

cules d'eau dans les tissus cancéreux. Les anomalies de diffusion caractérisées par une baisse de l'ADC sont étroitement corrélées à la prolifération tumorale [37].

Imagerie des récepteurs hormonaux

Les deux tiers des cancers du sein sont hormonodépendants et peuvent donc bénéficier d'un traitement antihormonal. La TEP au 16α-^{18}F-fluoro-17β-œstradiol (FES), analogue de l'œstradiol, est la seule méthode d'imagerie permettant d'évaluer *in vivo* le caractère hormono-dépendant ou non de toutes les lésions, primitives et secondaires. Ce traceur est particulièrement intéressant lorsque les lésions secondaires sont nombreuses et/ou difficilement accessibles à un prélèvement (métastases osseuses). La TEP au FES semble utile pour caractériser des lésions litigieuses mais également pour prédire la réponse à l'hormonothérapie de chaque lésion [38, 39], à l'exception du foie où est métabolisé le FES.

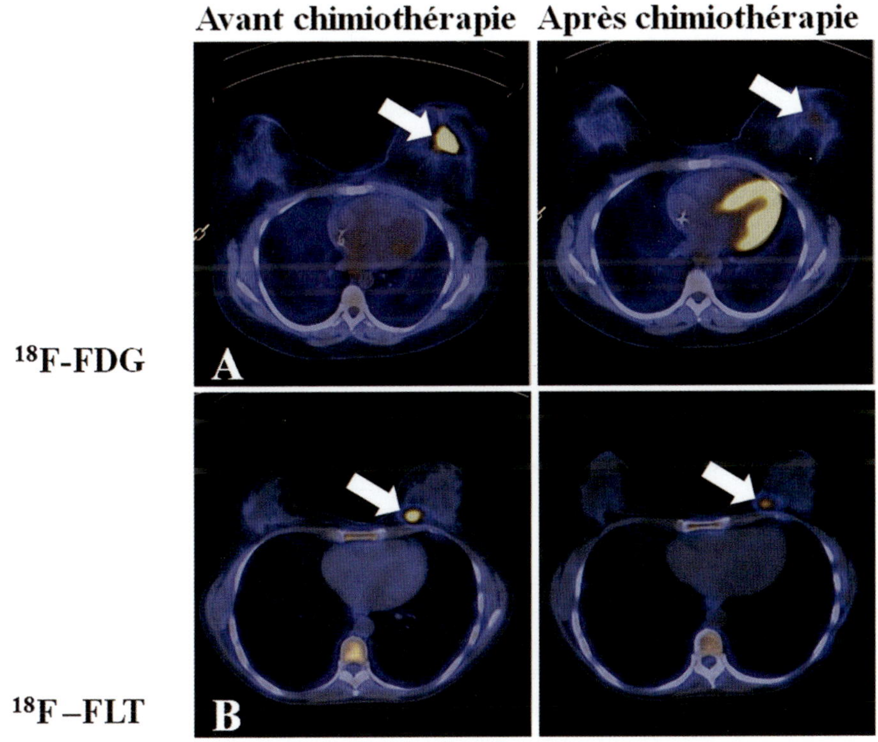

Fig. 2 – Images scintigraphiques de TEP au ^{18}F-FDG et ^{18}F-FLT fusionnées à une image tomodensitométrique pour l'évaluation de la réponse tumorale mammaire dès la première cure de chimiothérapie néoadjuvante. Ces deux exemples montrent une réponse complète pour la patiente évaluée avec le ^{18}F-FDG (A) et partielle pour celle évaluée avec la ^{18}F-FLT (B) (Dr O. Humbert, données non publiées).

Imagerie des récepteurs HER2

La surexpression de HER2 par certaines tumeurs mammaires joue un rôle dans l'agressivité tumorale mais est également une cible potentielle pour le trastuzumab, un anticorps humanisé dirigé contre ce récepteur, administré seul ou en association avec certaines chimiothérapies cytotoxiques. Comme pour les récepteurs hormonaux, l'expression d'HER2 peut varier d'une lésion à l'autre chez un même individu, et également en cours de traitement, d'où l'intérêt de quantifier *in vivo* cette expression pour chaque lésion grâce à l'imagerie. Dans cette optique, le trastuzumab a été radiomarqué avec le zirconium 89 (^{89}Zr), radionucléide TEP dont la période relativement longue (78 heures) est bien adaptée à la clairance lente des anticorps [40]. Il est possible d'améliorer les paramètres pharmacocinétiques avec des fragments ou analogues d'anticorps ayant une affinité analogue pour HER2 et marqués le plus souvent avec des radionucléides émetteurs de positons à période plus courte (^{18}F, ^{68}Ga) [41].

Imagerie de l'angiogenèse

Le traceur d'angiogenèse dont le développement est le plus avancé est le ^{18}F-Galacto-RGD. Il possède une grande affinité pour l'intégrine $\alpha_V\beta_3$ et sa petite taille en fait un traceur bien adapté à l'imagerie, par comparaison aux anticorps [42]. Cependant, les études cliniques sont encore très limitées, et le rôle potentiel de ce traceur dans la stratégie thérapeutique reste à déterminer. De plus, l'intégrine $\alpha_V\beta_3$ est également exprimée à la surface de certaines cellules tumorales, ce qui limite la spécificité du ^{18}F-Galacto-RGD.
Il est également possible de marquer cette molécule avec des microbulles permettant ainsi de suivre sa distribution en échographie, avec toutefois les limites de cette technique, comme l'impossibilité de réaliser des images corps entier [43].

Imagerie de l'hypoxie

L'imagerie de l'hypoxie a encore été peu utilisée dans le cadre du cancer du sein. Cependant, elle pourrait jouer un rôle, notamment dans l'évaluation des antiangiogéniques qui pourraient avoir un rôle paradoxal d'augmentation du nombre de cellules souches tumorales, par le biais d'une aggravation de l'hypoxie intratumorale [44]. L'imagerie optique peut également potentiellement jouer un rôle dans la détection de tissu hypoxique par le biais de l'étude des concentrations en hémoglobine en utilisant l'infrarouge proche, le sein étant un tissu que les infrarouges peuvent traverser [45].

Imagerie de l'apoptose

Il a été démontré que dans des modèles de tumeurs mammaires surexprimant HER2, la fixation d'annexine V fluorescente permettait de prédire précocement la réponse au trastuzumab [46]. Toutefois, une étude préclinique récente sur des tumeurs mammaires sensibles et résistantes au docétaxel imagées avec ^{99m}Tc-Annexine V a démontré que cette prédiction n'était pas systématique en raison des variations interindividuelles des modèles [47].

Ce travail a été réalisé dans le cadre du GIE Pharmimage®. Ce travail a bénéficié d'une aide de l'état gérée par l'Agence Nationale de la Recherche au titre du programme Investissements d'avenir portant la référence « ANR-10-EQPX-05-01/ IMAPPI Equipex ».

Références

1. Kircher MF, Hricak H, Larson SM (2012) Molecular imaging for personalized cancer care. Mol Oncol 6(2): 182-95
2. Bryan RN (2010) Introduction to the Science of medical Imaging. Cambridge University Press, Cambridge
3. James ML, Gambhir SS (2012) A molecular imaging primer: modalities, imaging agents and applications. Physiol Rev 92: 897-965
4. Plewes DB, Kucharczyk WJ (2012) Physics of MRI: a primer. Magn Reson Imaging 35:1038-54
5. Malayeri AA, El Khouli RH, Zaheer A, *et al.* (2011) Principles and applications of diffusion-weighted imaging in cancer detection, staging, and treatment follow-up. Radiographics 31: 1773-91
6. O'Connor JP, Jackson A, Parker GJ, *et al.* (2012) Dynamic contrast-enhanced MRI in clinical trials of antivascular therapies. Nat Rev Clin Oncol 14: 167-77
7. Kwock L, Smith JK, Castillo M, *et al.* (2006) Clinical role of proton magnetic resonance spectroscopy in oncology: brain, breast, and prostate cancer. Lancet Oncol 7: 859-68
8. Kauppinen RA, Peet AC (2011) Using magnetic resonance imaging and spectroscopy in cancer diagnostics and monitoring. Preclinical and clinical approaches. Cancer Biology & Therapy 12: 665-79
9. Franc BL, Acton PD, Mari C, Hasegawa BH (2008) Small-animal SPECT and SPECT/ CT: important tools for preclinical investigation. J Nucl Med 49: 1651-63
10. Brandon D, Alazraki A, Halkar RK, Alazraki NP (2011) The role of single-photon emission computed tomography and SPECT/computed tomography in oncologic imaging. Semin Oncol 38: 87-108
11. Mawlawi O, Townsend DW (2009) Multimodality imaging: an update on PET/CT technology. Eur J Nucl Med Mol Imaging 36 Suppl 1: S15-29
12. Tolmachev V, Stone-Elander S (2010) Radiolabelled proteins for positron emission tomography: Pros and cons of labelling methods. Biochem Biophys Acta 1800: 487-510
13. Fani M, Maecke HR (2012) Radiopharmaceutical development of radiolabelled peptides. Eur J Nucl Med Mol Imaging 39 Suppl 1: S11-30
14. Hilderbrand SA, Weissleder R (2010) Near-Infrared fluorescence: application to in vivo molecular imaging. Curr Opin Chem Biol 14: 71-9
15. Louie A (2010) Multimodality Imaging Probes: Design and Challenges. Chem Rev 110: 3146-95

16. Xie J, Chen K, Huang J, *et al.* (2010). PET/NIRF/MRI triple functional iron oxide nanoparticles. Biomaterials 31: 3016-22
17. Wehrl HF, Judenhofer MS, Wiehr S, Pichler BJ (2009) Pre-clinical PET/MR: technological advances and new perTEMPives in biomedical research. Eur J Nucl Med Mol Imaging 36 Suppl 1: S56-68
18. Hanahan D, Weinberg RA (2011) Hallmarks of cancer: the next generation. Cell 144(5): 646-74
19. Shields AF (2012) PET imaging of tumor growth: not as easy as it looks. Clin Cancer Res 18(5): 1189-91
20. Yang TJ, Haimovitz-Friedman A, Verheij M (2012). Anticancer therapy and apoptosis imaging. Exp Oncol 34(3): 269-76
21. Gaertner FC, Kessler H, Wester HJ, *et al.* (2012). Radiolabelled RGD peptides for imaging and therapy. Eur J Nucl Med Mol Imaging 39 Suppl 1: S126-38
22. Michalski MH, Chen X (2011) Molecular imaging in cancer treatment. Eur J Nucl Med Mol Imaging 38(2): 358-77
23. Lee CM, Jang D, Cheong SJ, *et al.* (2012) Optical imaging of MMP expression and cancer progression in an inflammation-induced colon cancer model. Int J Cancer 131(8): 1846-53
24. Toyohara J, Ishiwata K (2011) Animal tumor models for PET in drug development. Ann Nucl Med 25(10): 717-31
25. Herholz K, Langen KJ, Schiepers C, Mountz JM (2012) Brain tumors. Semin Nucl Med 42(6): 356-70
26. Soyka JD, Muster MA, Schmid DT, *et al.* (2012) Clinical impact of 18F-choline PET/CT in patients with recurrent prostate cancer. Eur J Nucl Med Mol Imaging 39(6): 936-43
27. Moreau M, Raguin O, Vrigneaud JM, *et al.* (2012) DOTAGA-Trastuzumab a new antibody conjugate targeting HER2/Neu antigen for diagnostic purposes. Bioconjugate Chem 23(6): 1181-8
28. Vandsburger MH, Radoul M, Cohen B, Neeman M (2013) MRI reporter genes: applications for imaging of cell survival, proliferation, migration and differentiation. NMR Biomed 26(7): 872-84
29. Ottobrini L, Martelli C, Trabattoni DL, *et al.* (2011) In vivo imaging of immune cell trafficking in cancer. Eur J Nucl Med Mol Imaging 38(5): 949-68
30. Groheux D, Hindie E, Delord M, *et al.* (2012) Prognostic Impact of 18FDG-PET-CT Findings in Clinical Stage III and IIB Breast Cancer. J Natl Cancer Inst 104(24): 1879-87
31. Pan L, Han Y, Sun Xe, *et al.* (2010) FDG-PET and other imaging modalities for the evaluation of breast cancer recurrence and metastases: a meta-analysis. J Cancer Res Clin Oncol 136(7): 1007-22
32. Rousseau C, Devillers A, Sagan C, *et al.* (2006) Monitoring of early response to neoadjuvant chemotherapy in stage II and III breast cancer by [18F]fluorodeoxyglucose positron emission tomography. J Clin Oncol 24(34): 5366-72
33. Cachin F, Prince HM, Hogg A, *et al.* (2006) Powerful prognostic stratification by [18F] fluorodeoxyglucose positron emission tomography in patients with metastatic breast cancer treated with high-dose chemotherapy. J Clin Oncol 24(19): 3026-31
34. Humbert O, Berriolo-Riedinger A, Riedinger, *et al.* (2012) Changes in 18F-FDG tumor metabolism after a first course of neoadjuvant chemotherapy in breast cancer: influence of tumor subtypes. Ann Oncol 23(10): 2572-7
35. Kenny LM, Contractor KB, Hinz R, *et al.* (2010) Reproducibility of [11C]choline-positron emission tomography and effect of trastuzumab. Clin Cancer Res 16(16): 4236-45
36. Contractor KB, Kenny LM, Stebbing J, *et al.* (2011) [18F]-3'Deoxy-3'-fluorothymidine positron emission tomography and breast cancer response to docetaxel. Clin Cancer Res 17(24): 7664-72
37. Chung SH, Yu H, Su MY, *et al.* (2012) Molecular imaging of water binding state and diffusion in breast cancer using diffuse optical spectroscopy and diffusion weighted MRI. J Biomed Opt 17(7): 071304

38. Linden HM, Stekhova SA, Link JM, *et al.* (2006) Quantitative fluoroestradiol positron emission tomography imaging predicts response to endocrine treatment in breast cancer. J Clin Oncol 24(18): 2793-9
39. van Kruchten M, Glaudemans AW, de Vries EF, *et al.* (2012) PET imaging of estrogen receptors as a diagnostic tool for breast cancer patients presenting with a clinical dilemma. J Nucl Med 53(2): 182-90
40. Dijkers EC, Kosterink JG, Rademaker AP, *et al.* (2009) Development and characterization of clinical-grade 89Zr-trastuzumab for HER2/neu immunoPET imaging. J Nucl Med 50(6): 974-81
41. Kramer-Marek G, Gijsen M, Kiesewetter DO, *et al.* (2012) Potential of PET to predict the response to trastuzumab treatment in an ErbB2-positive human xenograft tumor model. J Nucl Med 53(4): 629-37
42. Kenny LM, Coombes RC, Oulie I, *et al.* (2008) Phase I trial of the positron-emitting Arg-Gly-Asp (RGD) peptide radioligand 18F-AH111585 in breast cancer patients. J Nucl Med 49(6): 879-86
43. Sorace AG, Saini R, Mahoney M, Hoyt K (2012) Molecular ultrasound imaging using a targeted contrast agent for assessing early tumor response to antiangiogenic therapy. J Ultrasound Med 31(10): 1543-50
44. Conley SJ, Gheordunescu E, Kakarala P, *et al.* (2012) Antiangiogenic agents increase breast cancer stem cells via the generation of tumor hypoxia. Proc Natl Acad Sci U S A 109(8): 2784-9
45. Enfield LC, Gibson AP, Hebden JC, *et al.* (2009) Optical tomography of breast cancer-monitoring response to primary medical therapy. Target Oncol 4(3): 219-33
46. Shah C, Miller TW, Wyatt SK, *et al.* (2009) Imaging biomarkers predict response to anti-HER2 (ErbB2) therapy in preclinical models of breast cancer. Clin Cancer Res 15(14): 4712-21
47. Beekman CA, Buckle T, van Leeuwen AC, *et al.* (2011) Questioning the value of (99m) Tc-HYNIC-annexin V based response monitoring after docetaxel treatment in a mouse model for hereditary breast cancer. Appl Radiat Isot 69(4): 656-62

Impression & brochage sepec - France
Numéro d'impression : 04495140601 - Dépôt légal : juin 2014
IMPRIM'VERT®
PEFC™ 10-31-1470 / Certifié PEFC / Ce produit est issu de forêts gérées durablement et de sources contrôlées. / pefc-france.org